U0054456

Queen of Confitures
Crêpe & Pancake —————————

果醬女王的薄餅&鬆餅

簡單用平底鍋變化出71款美味

這本書獻給親愛的家人
于永兆、于永奎、于本善、于泰秋

目錄
CONTENT

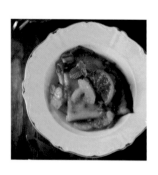

PART 2
MORNING
TEA BREAK

優雅早茶

PART 3
LUNCH
TIME

健康午餐

PART 6
BEFORE
DINNER

餐前開胃

PART 7
DESSERT

餐後甜點

書＋平底鍋＝幸福時光

甜點的確讓人心情愉悅，有些人致力於將這樣愉悅的心情帶給親朋好友，就像是一個快樂的傳遞者，而我認識的于美芮就是這樣的快樂使者，也是這本書的作者。透過他用一些簡單的食材製作的甜點，縱使製作過程不複雜，但入口後總是讓人可以獲得很大的能量與滿足。作者把「美味」當作指標，「美麗」當作必要，呈現出繽紛又耀眼的桌上鑽石，淺嘗一口則進入一場奇妙旅程。

或許于美芮在甜點的路上，有些瘋狂的熱情、有些過份執著、有些浪漫、又有一些歇斯底里，但這正是要成為專職達人的過程，一種旁人不能理解的不切實際的衝動，卻是造就他比他人突出的原理所在。經過多年的淬煉，作者以簡單、生活周邊取材的方式，跳脫繁瑣高貴的設備器具。有了這本書加一個平底鍋，不論是製作過程時的祕訣、心得，都可以在書中找到滿意的資料。從早餐、早茶、午餐、午茶一直到餐後甜點，滿足一天任何時刻的需求渴望，不論是優雅璀璨的鹹食，或是誘人的香、甜的薄餅，幸福將時時刻刻圍繞著你。

這不是一本食譜書，而是讓你可以輕輕鬆鬆獲得更好的飲食品質與品味的說明書，捲起袖子一同體驗這美好人生～！

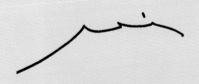

張東豪
天成飯店集團執行長

開啟薄餅的奇幻旅程

認識美芮是在君品酒店的西廚點心房，記憶深刻，第一眼看見美芮，直覺她是一位極具創意和活力的人，而且眼神充滿著對這個世界的好奇。法國人有句諺語：「當一個人懷抱理想並全心投入，他的身上將會散發出光芒……」，美芮給我的印象就是這樣。

認識多年，她常常到我的面前述說著她對未來的偉大計劃。是的！這就是她！對人生、對工作、對整個世界，永遠充滿著熱情和理想。記得有一次她突然來餐廳找我，對我說，她要去泰國學習泰國料理和甜點。我心裡想著，美芮總是有自己獨特的思維，這是多麼吸引人參與嚮往的勇氣和信念，事實也證明她確實是活得精彩。

透過這本書，大家將可以感受到美芮對烹飪的狂熱和執著，並且藉著她身上所散發出的光芒和自由創意，獲得更多的啟發，相信你在家也可以是一位大廚，將美味重現。現在，就拿出家裡廚房的麵粉和雞蛋，和美芮一同進入薄餅的奇幻旅程吧！

王武雄
現任法熊法式餐廳行政總主廚
曾任台北威斯汀六福皇宮行政副總主廚
曾任松露之家行政總主廚

閉著眼睛做鬆餅

如果你想做沒有困難度、零失敗,任何人與年齡層都可以做得很好的甜點,那就非鬆餅莫屬了!鬆餅是家家戶戶都很會做的甜點,只要買一包鬆餅粉,就可以做出完美的鬆餅,幾乎是閉著眼睛就能做鬆餅,這樣說來,提筆寫一本鬆餅書似乎沒有挑戰性,影響力和參考的價值,但事實上,小小一片鬆餅,說來簡單卻又不簡單。

自從在廚房工作後,我了解鬆餅的超凡魅力,令人們對它沒有抵抗力。鬆餅永遠在早餐和下午茶占有一席之地。許多人願意為了吃鬆餅,排很久的隊,鬆餅儼然成了下午茶的代言人。若你有出國的經驗,也會發現不少飯店總是會提供鬆餅作為早餐。鬆餅就是這樣撫慰心靈,單純又美味的食物。

鬆餅這樣的主題,如果瞇起眼睛來看,小小的圓餅真的非常了不起,光是麵粉、雞蛋、牛奶就能玩出很多不同質感的餅皮,如果睜大眼睛來看,鬆餅和全世界的食材都合得來,只要大膽的嘗試及天馬行空的想像力,即能搭配出,冷、熱、甜、鹹,正餐、點心、整天時段都可以吃的鬆餅,千變萬化的風情,等著你用心品味。除此之外,鬆餅的龐大家族,更在世界各地開枝散葉,從古代流傳至今。所以,想要了解鬆餅的歷史、文化、及其代代相傳的鬆餅滋味,豈是一本薄薄的鬆餅書的三言兩語就能分析徹底的?也因此,本書僅盡力將提及的相關資訊融入食譜

中，讓讀者大略了解鬆餅背後的小故事。

這是一本匯集法式薄餅 Crêpe、Galette 和美式鬆餅 Pnacake，加上各國傳統鬆餅創意的食譜書。這本書給了鬆餅一個舞台，讓它演出視覺、組合和傳統的故事。而熱愛鬆餅的你，也給自己一個舞台，上演專屬於你的鬆餅故事吧。

如果沒有一個舞台，讓我恣意發揮，組合所有鬆餅的可能性，就不會有這一本書的誕生，在這裡要謝謝天成飯店執行長張東豪先生和天成集團 (Cosmos Hotel Group) 對我的厚愛，讓我終於在 2 年之後，可以藉著這一本書，把心中的感謝化成一片片的鬆餅，分享給天成這個大家庭，也分享給每一個心中有愛的家庭與每一個愛吃鬆餅的人。

基本工具

想做出好吃的甜點，一定得擁有方便好用的工具，來認識他們吧！

鬆餅機

將麵糊倒入，就可輕鬆烤出受熱均勻的好吃薄餅，但價格較高昂。可依個人需求選擇需要的機型購買。

可麗餅或薄餅機

使用這種機器所煎出來的法式薄餅會特別酥脆，因此種機器的溫度較高，所以要特別小心使用。

平底鍋

煎薄餅或炒內餡時使用。可使用薄餅專用平底鍋、一般鐵鍋或是造型平底鍋皆可。

T 字棒

用來抹勻可麗餅機上的麵糊，因為狀似蜻蜓，又被稱為竹蜻蜓。

磅秤

用來測量各種材料的重量，使用時需注意是否已將機器歸零。

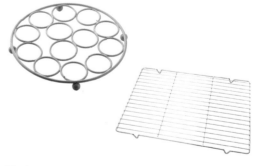

涼架

鬆餅煎好後，須放在此架上冷卻，避免鬆餅皮因水蒸氣變濕軟。可依個人需求選擇不同的網架，圖中為圓形及方形網架。

抹刀
可用來輔助薄餅翻面，或是在塗抹鮮奶油時，使表面光滑均勻。

玻璃碗
為盛裝麵糊的容器，分成許多不同的尺寸。

量杯
用於測量液體容量，單位多為 ml。

刮刀與刮板
刮刀多在拌合麵糊時使用，可將缽盆內的麵糊刮除的非常乾淨；刮板除了能將缽盆麵糊刮除乾淨，也能用來分割麵團。

缽盆
有許多不同尺寸，多用來盛裝材料或是攪拌麵糊時使用。

打蛋器
做點心必備的用具！可用來打發奶油、蛋白或是攪拌麵糊，又分為手動及電動兩種。

篩網
用來過篩各種粉類材料，可依個人需求選擇不同的細網大小購買，若麵糊結粒，也可使用篩網使麵糊更滑順。圖中的綠色小篩網，多用於糖粉等較細密的粉類材料，大篩網則用於麵粉、太白粉等顆粒較大的粉類材料。

量匙
可以更方便的測量材料及麵糊份量，是非常方便的小道具。

常用食材

薄餅和蛋糕一樣，製作上需要的材料有乾、濕、柔、韌四大類，一起來認識吧！

低筋麵粉

為乾性、韌性材料，又被稱為蛋糕麵粉，蛋白質和吸水量都比中筋、高筋麵粉低，適合用來製作餅乾、蛋糕等西點。

雞蛋

為溼性、韌性材料，可增加薄餅的油脂柔軟度及甜品色澤。但請務必挑選新鮮的雞蛋使用，否則會影響成品的成敗及口感。

奶油（無鹽）

為溼性、柔性材料，柔軟、滑順又營養，可直接抹在食物上吃，或是在烹飪中使用增添香氣，是非常常見的食材。

牛奶

為溼性、韌性材料，可增添香氣和調整麵糊濃稠度。依照脂肪含量的不同又分成無脂、半低脂、低脂、減脂與全脂五大類。

紅糖

為乾性、柔性材料，在麵糊中有保水、增添甜味和光滑作用。

柑橘酒（Cointreau / Grand marnier）

為一種帶有橙皮芳香味，甜中帶苦的酒，將這種酒加入薄餅麵糊中，可以增添薄餅的香氣。

鹽之花

為乾性、韌性材料，是法國頂級海鹽，多用於調味，可降低甜味，增添風味。

柳橙皮碎

即為柳橙皮，它與柑橘酒的功能一樣，同樣是用來增添薄餅的果香味。

基本薄餅示範

沒有添加任何配料的原味薄餅，
也有一種純粹的美味，就等你細心品味！

材料

低筋麵粉 250g、紅糖 50g
鹽之花 3g、全蛋 6 個
牛奶 500ml、奶油 250g
柑橘酒 20ml、柳橙皮碎 2 個

作法

1. 奶油先放火爐上煮融化，冷卻備用；麵粉過篩。
2. 將篩好的麵粉放入一只玻璃缽中，加入鹽、糖、蛋、牛奶混合均勻。
3. 加入奶油拌勻，再加入柑橘酒、柳橙皮碎攪拌至沒有結粒即完成麵糊。
4. 平底鍋預熱，保持熱度，舀入麵糊。
5. 迅速搖動鍋子使麵糊均勻散布。
6. 至餅皮邊緣焦黃翻面，煎至熟即可盛出。（從頭到尾都用大火）

Tips

1. 若結粒可先用篩網將麵糊過篩。
2. 煎製第一片薄餅時，經常會翻面失敗，這是因為平底鍋熱度不夠導致麵糊沾鍋，煎餅破裂。
3. 若平底鍋或油太熱，會導致煎餅表面燒焦，內部過熟。
4. 麵糊的溫度要與室溫相同，若直接使用剛從冰箱取出的麵糊煎餅，要先攪拌，否則薄餅會變厚。
5. 8 吋平底鍋可煎 20 片。

1-1

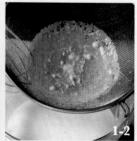

1-2

基本鬆餅示範

小小圓圓的薄餅，沒有添加任何調味，就很好吃！
不需要華麗配角，它就是最佳主角！

材 料

低筋麵粉 160g、泡打粉 5g、砂糖 50g
牛奶 200ml、蛋黃 4 個、蛋白 4 個
沙拉油 20ml

作 法

1. 粉類材料分別過篩，放入一只玻璃缽中，加入 30g 糖將所有材料拌勻。
2. 邊攪拌邊加蛋黃、牛奶攪至沒有結塊再加沙拉油攪勻備用。
3. 蛋白倒入大缽中，打至發泡，加入 20g 糖拌至蛋白呈尖嘴狀。
4. 將打發的蛋白與麵糊混合，注意須由底往上溫和的攪拌。
5. 攪拌至照片程度即可。
6. 平底鍋以大火熱過後轉小火，再以湯匙將麵糊舀入鍋中，煎至麵糊起泡時翻面。
7. 待鬆餅底部呈現如照片的焦黃色翻面，再續煎至熟即可盛出。

Tips

1. 也可用模型輔助。作法是將模型放在鍋中，舀入約 6 分滿的麵糊在模型中，至起泡時翻面。
2. 模型使用前可上一層油，這樣餅熟後會較好脫膜。
3. 若未起泡就翻面會煎失敗。
4. 第一片通常會失敗，通常是測試鍋子熱度的實驗品。

麵糊的重點提醒

只要牢牢記住技巧，抓住幾個重點，就能輕輕鬆鬆做出最好吃的薄餅囉！

調製麵糊的小撇步

· 粉類材料一定要過篩，且最好使用新鮮雞蛋和新鮮牛奶。

· 攪拌麵糊時先放入乾性材料（如麵粉、泡打粉），再分次加入濕性材料（如雞蛋、牛奶）。

· 避免麵糊過度攪拌，以免影響薄餅口感。

· 避免麵糊結塊，若麵糊結塊可以使用篩網篩掉。

· 薄餅麵糊可於使用前一晚攪拌好冷藏。

· 麵糊中若加入較多的奶油，使用機器烘烤麵糊會發現它擴張的較快，煎出來的薄餅也會比平底鍋煎的還脆。

· 麵糊中若加入較少的液體，薄餅也會酥脆，因為液體較少，濕氣也會相對減少，煎出來的薄餅自然較酥脆。

· 鬆餅麵糊中如果有使用泡打粉做為膨脹之用，須於前一晚即做好，放入冰箱冷藏，但泡打粉的膨脹作用可能會因為時間拉長而減弱，所以可以多加一點

· 若鬆餅麵糊中有添加小蘇打粉，只需在使用前攪拌好麵糊即可，太早調好麵糊會影響小蘇打粉的發脹能力。

· 鬆餅麵糊中若加入打發的蛋白作為膨脹劑，會讓口感較為輕盈，但須現調現做，不能長時間放置。

鬆餅家族的基本比例

成分 ＼ 種類	法式薄餅 Crêpe	法式格子鬆餅 Gaufre	美式鬆餅 Pancake	格子鬆餅 Waffle
低筋麵粉	100%	100%	100%	100%
砂糖	12.5%	12.5%	12.5%	6%
鹽	3%	3%	2.5%	1%
全蛋	75%	163%	44%	25%
牛奶	200%	200%	200%	100%
奶油	20%	37.5%	25%	50%
鮮奶油	100%			
泡打粉		6%	6%	6%

保存麵糊的重點

· 薄餅麵糊冷藏保存超過 3 天就會開始不新鮮，最好的保存方法是煎成薄餅，放入冷凍庫，如此可保存長達 3 個月。

· 保存時可將薄餅分裝成 3～5 片一小袋，想拿出來食用時，先放回冷藏解凍，再放入室溫，也可以用微波爐加熱或是放入平底鍋，加入醬汁加熱。

煎餅的小撇步

Crêpe

· 煎薄餅前，須在平底鍋淋上少許的澄清奶油或沙拉油（也可用吸油紙沾些許油，擦拭鍋底），在火爐上加熱，直到幾乎冒煙就可以開始使用。

· 煎餅時須將爐火轉成中火，再將麵糊舀入平底鍋內，快速旋轉，直到麵糊鋪滿鍋底，煎至薄餅邊緣出現焦黃色，才可以翻面，繼續煎熟另一面。

· 通常第一片薄餅是試鍋面溫度用，失敗率較高。

Pancake

· 煎鍋時，鍋子要先預熱，熱度可以灑水測試，若灑進鍋中的水馬上變成水珠狀，代表鍋子已經夠熱。

· 以小火煎餅，舀入麵糊時，不須用湯匙把麵糊畫成圈圈，因為麵糊的流性會讓它自動散開成圓形。

· 當煎餅的底部受熱，表面會慢慢產生氣泡，待氣泡漸漸凝固，就是翻面時機，幫鬆餅翻面不要太急，若時間沒掌握好，太早翻面，會讓餅的形狀走樣或者破掉。

· 許多 Pancake 的食譜如果有泡打粉就不會有打發蛋白，因為泡打粉和打發蛋白都是讓 Pancake 可以膨脹的材料，如果兩者都加就會產生加乘的效果！

Crêpe 和 Pancake 的不同

Crêpe 是法國的 Pancake，是一種薄軟的扁平薄餅，又分為甜的和鹹的，甜的被稱為 Crêpe 可麗餅，或譯作法式薄餅、法式烘餅。鹹的又被稱為 Galette，通常以蕎麥粉加上鹽與水製作。它和美國 Pancake 的最大不同在於，它沒有加入類似泡打粉的膨脹元素，而是加入大量牛奶、雞蛋和奶油。也因此 Crêpe 的麵糊非常稀，煎出來的餅就像一張紙一樣，能包裹內餡。

美式的 Pancake，是指一種圓軟蓬鬆的小圓餅，又稱為薄烤餅。麵糊中會加入泡打粉或是打發蛋白等膨脹劑讓小圓餅變得蓬鬆，在傳統上是不夾內餡的。此外，Pancake 因為加入的膨脹劑不同，麵糊靜置再使用的時間也有所不同。若麵糊配方加的是酵母粉而不是泡打粉，必須讓麵糊發酵片刻，使餅煎好後能柔韌有彈性；若配方中有加入泡打粉，至少須在煎餅前 30 分鐘拌好麵糊；若麵糊中有加入打發蛋白，應於麵糊調製好後馬上使用，以免蛋白消融，失去膨脹功效。

薄餅常用的配料作法

原味薄餅雖然也不錯，但搭配上好吃的配料，
薄餅的美味就變得更加突顯了！

焦糖醬

材料

水 60ml
白砂糖 250g
鮮奶油 250ml
鹽之花 3g
奶油 60g

作法

1. 在一只小湯鍋中倒入鮮奶油，移置火爐加溫至 80 度左右。準備另一只鍋，移置火爐上，加入砂糖和水，煮到糖焦化。
2. 將熱鮮奶油沖入焦糖中，繼續滾沸，再加入奶油和鹽，融化與攪拌均勻即可。

Tips

1. 鮮奶油熱過後再沖入滾沸焦糖中，才能夠保持焦糖的溫度，避免鍋內溫度降太快。
2. 建議冷卻後使用，並裝罐保存。

櫻桃果泥

材料

新鮮櫻桃 500g
砂糖 50g
小茴香 10g
檸檬汁 20ml

作法

1. 櫻桃洗乾淨，對切去籽；小茴香放入紗布袋中；準備一只小鍋，把砂糖、檸檬汁、紗布袋放入，一起以小火煮至櫻桃軟化，取出紗布袋。
2. 將作法 1 放入食物調理機打碎成泥，再篩出細緻口感的果泥即可。

法式白醬

材料

奶油 2.5g
麵粉 2.5g
牛奶 300ml
蛋黃 2 個
玉米粉 5g
鹽、胡椒、豆蔻粉少許

作法

1. 平底鍋預熱，將奶油放入平底鍋內，待奶油融化加入麵粉，炒成淺褐色奶油麵糊起鍋備用。
2. 牛奶放入鍋中煮至滾，關火。加入蛋黃和玉米粉及作法 1 的奶油麵糊，迅速攪拌均勻。
3. 開火，加入鹽、胡椒與豆蔻粉，一邊攪拌一邊以小火煮至濃稠，即完成法式白醬。
4. 將白醬倒入玻璃器皿中，冷藏保存備用。

黑磚

材料

巧克力 50g
奶油 50g
砂糖 50g
全蛋 1 個
低筋麵粉 30g

作法

1. 將巧克力與奶油一起放入小鍋中；準備一只大鍋放入少許水，再放上小鍋，開小火，以隔水加熱方式讓巧克力及奶油融化，融化後拌勻便可關火。
2. 糖和蛋混合，與過篩好的麵粉拌勻，加入作法 1 一起混合，即完成麵團。
3. 將麵團均勻鋪在烤盤上，放入以 170 度預熱的烤箱，烤 10 ～ 15 分鐘，至脆餅烤乾即可出爐。
4. 冷卻後，切成小方塊即可使用。剩餘脆餅可以保存在密封罐中。

莓果果凍

材料

莓果 (藍莓、草莓、
蔓越莓) 400g
香檳 50ml
砂糖 20g
吉利丁片 3 片

作法

1. 吉利丁放冰水中泡軟，擠乾水分備用；將莓果、砂糖和香檳
   一起放入鍋中，移到火爐上煮滾。
2. 關火，加入吉利丁，待吉利丁融化即可倒入圓形塑膠矽模
   中，冷卻後，放入冰箱冷藏 2 小時或冷藏至果凍定型。

卡士達醬

材料

牛奶 375ml
鮮奶油 105ml
低筋麵粉 54g
蛋黃 3 個
砂糖 90g
萊姆酒 20ml
檸檬皮碎 1 匙
柳橙皮碎 1 匙

作法

1. 麵粉過篩後放入大缽中，再加入蛋黃、砂糖混合均勻。
2. 鮮奶油與牛奶倒入另一鍋中煮滾後，倒入 1/3 至作法 1 的大缽中
   混合均勻。
3. 將混合好的作法 2 倒回牛奶鍋中，邊煮邊攪拌，煮至濃稠時加入
   萊姆酒、檸檬皮碎、柳橙皮碎拌勻，即完成卡士達醬。離火，放
   涼後冷藏備用。

其他配料 | 步驟簡單不繁複，如果時間充裕，不妨試著做做看！

葡萄果凍

材料

蘋果 5 個
桃子 10 個
葡萄 600g
砂糖 300g
檸檬汁 50ml
白酒 50ml

作法

1. 桃子和蘋果洗乾淨，切成小塊，連皮放入鍋中，加入適量的水後，以小火煮至水果軟化，瀝出水分，完成果膠。
2. 將葡萄洗乾淨放入果汁機內攪拌，瀝出果汁。
3. 取葡萄汁 300ml、砂糖、檸檬汁與果膠 100ml 放入銅鍋中，煮至 110 度時加入白酒，就可以馬上裝入玻璃罐內。

Tips 若果膠很稀或太濃稠，請隨機調整果膠的使用量。

奇異果果醬

材料

奇異果 1kg
糖 500g
黃檸檬 1/2 個

作法

1. 奇異果削皮，切除中心果芯，果肉對切後再切成丁，放入一大鍋中，加入糖，擠入檸檬汁浸泡一晚。
2. 將作法 1 的奇異果鍋，以大火煮開後，再保持滾沸持續烹煮，煮時撈去表面浮物及氣泡，並不時攪拌，避免黏鍋。
3. 當鍋內已有黏稠度，再續煮 5 分鐘，至果醬開始有厚稠感，達到果醬煮糖凝固的終點溫度 103 度後，關火，趁熱裝入果醬罐內並倒扣。

番茄醬汁

材料

橄欖油 100ml
香菜 5g、鹽 3g
松子 50g、胡椒 3g
番茄 3 個、九層塔 5g
馬自瑞拉起士球 1 包

作法

1. 除了起士球和調味料之外的所有材料洗淨，切成相似大小，放入食物調理機混合均勻。
2. 將馬自瑞拉起士球和作法 1 的醬及油、鹽、胡椒混合便可以使用。

薑汁香橙片

材料

香吉士 6 個
肉桂棒 1 根
生薑 2 片
水 1000ml
砂糖 440g

作法

1. 香吉士切成 0.5 公分厚圓片；1 片薑片磨成泥；準備一只大鍋加入水 600ml、薑泥和肉桂棒，煮至滾時放入香吉士片，煮約 5 分鐘，即將香吉士片瀝出。
2. 準備煮糖漿。大鍋中放入水 400ml、砂糖 200g、薑片及香吉士片，煮滾之後，關火。冷卻後，蓋上保鮮膜放置一夜。
3. 第二天，在鍋子內加入 60g 砂糖煮滾，放冷蓋上保鮮膜放置一夜。
4. 第三天、第四天、第五天，重複作法 3 的動作。
5. 第五天之後將香吉士片放入密封罐中保存即完成。

PART1
BREAKFAST

活力早餐
(6:00am)

一整天的營養與活力，
從 Pancake 及 Crêpe 開始！

南瓜厚煎餅

麵糊

低筋麵粉 105g、牛奶 185ml、全蛋 2 個
蛋白 1 個、南瓜泥 250g、融化奶油 55g

材料

奇異果 4 個(黃色與綠色各半)
水 300ml、砂糖 300g、草莓 1/2 個
葡萄果凍適量

作法

1. 先製作麵糊。牛奶加溫;麵粉過篩後與蛋、溫牛奶混合,再加入南瓜泥、奶油混合均勻。
2. 煎餅之前,將蛋白打至硬性發泡,混合在麵糊當中。
3. 平底鍋預熱後,舀入麵糊,以小火慢煎,煎熟後翻面即可。煎多片備用。
4. 煎餅攤平,塗抹上葡萄果凍,裁切成多個相同大小的四方形小餅,堆疊成柱子。
5. 奇異果去皮切成約 1 公分厚的圓片。
6. 將水和糖煮滾成糖漿,倒入有深度的器皿當中,趁熱將奇異果片浸入,冷卻後放入冰箱,隔天即可使用。
7. 瀝乾奇異果上的糖漿,將奇異果切成小丁;草莓去除蒂頭、對切。
8. 盤子上淋上糖漬奇異果丁,煎餅上放草莓做裝飾即完成。

Tips ················
1. 葡萄果凍可至超市買現成的商品,或參考 P.23 製作。
2. 作法 6 的糖漬奇異果建議事先做好,並依照個人需求調整所需用量。

融化少女心的軟綿口感

香蕉熱鬆餅

 麵 糊

香蕉 2 根、蛋 2 個、蜂蜜 30g、鹽 5g
牛奶 270ml、奶油 50g、低筋麵粉 300g

 材 料

蘋果香蕉 1 根、蜂蜜少許

作 法

1. 麵粉過篩；奶油放入微波爐融化；2 根香蕉對切成微笑型，再切成小片。
2. 將麵粉、蛋、蜂蜜、鹽和牛奶依序放入沙拉碗，持打蛋器攪拌均勻，加入奶油與香蕉片拌勻。
3. 將平底鍋預熱，取一模型，在模型中舀入麵糊，以小火慢慢把餅底部煎熟，輕輕翻面再煎熟另一面。
4. 蘋果香蕉切斜片，放在鬆餅上，撒少許砂糖，持噴槍將糖燒成焦糖，最後淋上蜂蜜即完成。

Tips
若做這類鬆餅時使用過熟的香蕉，有時能做出如香蕉蛋糕般的香味。

鬆餅二三事

Hotcake 在英國就是 Pancake，美國阿拉斯加的一些餐廳會將 Hotcake 做的非常大片，甚至比盤子還要大，在日本則是做成很厚的鬆餅。

補充一天活力

香蕉藍莓鬆餅

 麵 糊

蛋 2 個、蜂蜜 30g、鹽 5g、牛奶 270ml
奶油 60g、低筋麵粉 300g

 材 料

香蕉 1 根、砂糖 15g
新鮮藍莓 30 個、打發鮮奶油少許

作 法

1. 先製作麵糊。麵粉過篩；奶油 50g 放入微波爐融化。
2. 將麵粉、鹽、蛋、蜂蜜和牛奶依序放入沙拉碗，持打蛋器攪拌均勻，加入融化奶油及 25 個藍莓，攪拌均勻完成麵糊。
3. 平底鍋預熱，取一模型，在模型中舀入麵糊，以小火慢慢把餅底部煎熟，輕輕翻面再煎熟另一面，取出備用。
4. 香蕉對切成微笑形；平底鍋放入奶油 10g 加熱，放入微笑形香蕉，撒上砂糖，煎成焦糖香蕉。
5. 圓餅放入盤中，擠上鮮奶油，佐焦糖香蕉，最後撒上糖粉，並放入 5 個藍莓裝飾即成。

Tips
香蕉搭配藍莓一起吃，能隨時補充活力，讓精神暢快無比。

Breakfast

越嚼越香的美味

山東黑糖餅

 麵 團

中筋麵粉 150g、溫水 50ml、沙拉油 5ml
快速酵母粉 5g、砂糖 2g、鹽 1g

 材 料

黑糖 50g、沙拉油適量、糖粉少許

作 法

1. 麵粉過篩後，將麵團材料全部放入一個大碗中，一邊加水一邊揉成一個柔軟麵團。
2. 將麵團蓋上布或鍋蓋，放在溫暖處，約 30 分鐘；將黑糖和沙拉油混合均勻，完成內餡。
3. 取出麵團使用少許沙拉油，將其分割成小麵團，再讓麵團鬆弛 10 分鐘。
4. 把小麵團捏成圓餅狀，包入適量黑糖內餡並收口後，再次壓成圓餅狀，做成黑糖餅。
5. 平底鍋加熱，倒入適量沙拉油，把餅煎成金黃色後翻面再煎，雙面煎熟撒上糖粉即可。

1 3 4 5

心情小語

我想如果擁抱美味是一種寄託，那麼品嚐原味就是一種悸動。小學時我最愛吃山東最硬的
饅子頭，但現在很難找到又硬又香的原味饅子頭了。回想當時，父親偶爾會自己和麵團做
大餅，搭配大蔥、蒜及自家醃的酸菜就打發掉一餐。而這種一口咬大餅，一口咬大蔥、蒜
的吃法，就是標準的山東吃法。

山東靠近韓國，所以我觀察到韓國人在冬天時，喜歡吃黑糖餅，因此靈機一動，在山東大
餅麵團裡包入黑糖，做成甜煎餅，這樣就能同時享受黑糖的細緻香氣及山東大餅的嚼勁。

Tips
1. 黑糖內餡不要包入太多，以免溢出來。
2. 黑糖甜煎餅 (hoddeok)，是韓國傳統煎餅之一，相傳是在 19 世紀時，由中國移民帶入
   韓國。

隔夜食材變身活力早餐

紅咖哩馬鈴薯煎餅

 麵 糊

紅咖哩醬 2 大匙、小馬鈴薯 5 個、洋蔥 1/2 個
低筋麵粉 2 大匙、胡椒粉 1/2 小匙、水少許
蛋 4 個、鹽 1/2 小匙

 材 料

荷包蛋 1 個、起士片 3 片
巴西里葉少許、奶油、沙拉油少許

作 法

1. 洋蔥切小丁；巴西里切碎；平底鍋預熱，倒入少許沙拉油，待油熱時加入紅咖哩醬炒香，再加入洋蔥和少許水，至洋蔥熟軟時盛出。
2. 小馬鈴薯蒸軟，壓成泥後與作法 1 的咖哩洋蔥一起放入大缽中混合均勻，再加入麵粉、鹽、胡椒粉、蛋拌勻，即完成麵糊。
3. 平底鍋預熱，放入奶油與少許沙拉油，待油熱時將馬鈴薯麵糊放入鍋中，至單面煎熟之後，翻面，兩面皆煎成金黃色即可起鍋。
4. 煎好 3 片煎餅後，在盤中將煎餅與 3 片起士穿插擺成圓形。
5. 撒上巴西里葉，放上折成梯形的荷包蛋就大功告成。

Tips ....
偶爾學學印度人一大早就吃辣的也不錯！你可以選擇鹹味十足的印度 Pancake(Khatta puda)，或選擇印度薄餅 (Dosa)，沾濃稠馬鈴薯咖哩食用。
....

勾起回憶的懷舊滋味

農夫鄉村薄餅

 麵糊

牛奶 250ml、低筋麵粉 125g、巴西里 5g
奶油 15g、龍蒿 5g、蝦夷蔥 5g、鹽 1g
蛋 75g

 材料

奶油 1 大匙、蘋果 1 個、沙拉油 1 小匙
熟馬鈴薯塊 2 大匙、蛋 1 個、起士片 4 片
番茄 1/2 個、萵苣 2 片、鹽少許、火腿 2 片

作法

1. 先製作麵糊。牛奶加溫；奶油加熱融化；麵粉過篩；巴西里、龍蒿、蝦夷蔥洗淨摘葉，切細碎備用。
2. 麵粉、鹽放入大缽中，邊攪拌邊加入牛奶、蛋，最後加入香草和融化奶油拌勻即完成麵糊。放置 1 小時後使用。
3. 蘋果削去外皮，去籽切丁；平底鍋預熱後，放入少許奶油，加入蘋果丁並炒至上色。
4. 平底鍋倒入少許沙拉油，油熱後，加入熟馬鈴薯塊，將薯塊炒成薯泥。
5. 鍋中放入少許沙拉油，打 1 個蛋，將其煎成太陽蛋，撒上少許鹽調味；火腿片也放入平底鍋中加熱，至表面略呈金黃色盛出備用；番茄切片。
6. 可麗餅機預熱，舀入適量麵糊，以 T 字棒將麵糊攤平，至單面煎熟時，依序放入馬鈴薯、蘋果、番茄片，最後放上起士、太陽蛋。
7. 將餅皮向中心處內折，折成三角形後放入盤中，放上萵苣葉和番茄片做裝飾即完成。

Tips

1. 吃剩的薯條也可以替代熟馬鈴薯，放入餅中。若前一天有用不完的薯條或薯泥，也可應用在此菜中，讓過多的食材變身成令人口水直流的早午餐。
2. 薄餅的內餡可依個人喜好自行調整份量。

吃不膩的好味道

優格黃瓜薄餅

 麵糊

低筋麵粉 200g、玉米粉 50g、奶粉 10g
豆漿 200ml、蛋 2 個、蔬菜油 50ml

 材料

黃瓜 1 根、薄荷葉 10 片、鮮奶油 200ml
砂糖 20g、優格 150g、鹽少許
研磨胡椒粉少許

作法

1. 先製作麵糊。所有粉類分別過篩，放入一個大碗中，依序倒入豆漿和蛋攪拌均勻，最後加蔬菜油混合至沒有結粒即完成。
2. 平底鍋預熱，舀入適量麵糊，迅速搖動鍋子使麵糊均勻散布，待薄餅邊緣焦黃，單面煎熟，即可盛出放涼，備用。
3. 鮮奶油與砂糖一起打發，做成香堤奶油，冷藏備用。
4. 使用削皮刀在小黃瓜表皮劃出紋路，斜切下 3 片薄片，擱置備用。
5. 剩餘小黃瓜去籽，並切成小塊，與薄荷葉、鹽、胡椒、優格放入大缽中，手持攪拌機使材料充分混合。
6. 作法 5 的黃瓜優格倒入作法 3 的奶油中拌勻，完成配料。
7. 將薄餅四邊皆向中心內折，折成長方形薄餅盒。
8. 薄餅放入盤中，以湯匙將配料當成冰淇淋般挖成一球，放在薄餅盒上，裝飾上作法 4 的小黃瓜，即可享用。

Tips

1. 黃瓜優格瀰漫著濃郁印度風情。你也可以在麵糊中加入辣椒或香料粉，增添薄餅風味。
2. 這道薄餅不油、不膩、不甜，口味清淡，常常吃也吃不膩。
3. 要保持小黃瓜的輕脆口感一定要去籽。

大口咬下好過癮

蘋果厚煎餅

 麵糊

低筋麵粉 250g、砂糖 150g、牛奶 250ml、乾酵母 5g
奶油 1 大匙、蛋 2 個、肉桂糖 3g、萊姆酒 20ml
蘋果 3 個、鹽少許

 材料

肉桂粉少許

作法

1. 牛奶加溫；奶油放入微波爐融化；麵粉過篩後與酵母、砂糖、蛋、溫牛奶、和融化奶油混合均勻。
2. 蘋果削去外皮和內籽，切成薄片，和肉桂糖、萊姆酒、鹽醃製約 1 小時。
3. 將作法 1 麵糊與作法 2 的調味蘋果混合，輕輕拌勻成蘋果麵糊。
4. 平底鍋預熱，舀入蘋果麵糊，當底部煎熟後，將蘋果煎餅倒扣在瓷盤上。
5. 將煎餅滑入平底鍋中繼續煎熟另一面，至麵糊變成固體就是煎熟，不需要煎過頭。
6. 在煎餅上撒肉桂粉即可享用。

Tips ·····································

1. 這個蘋果薄餅的作法和西班牙蛋餅一樣，要煎的和鍋子一樣大，並且倒扣煎熟另一面。
2. 如果不喜歡肉桂粉可以不加。
3. 使用的鍋子越小，餅可以煎越厚。

感受優雅迷人的甜味

香檳水蜜桃貝尼尼

【麵 糊】

牛奶 250ml、乾酵母 2g、麵粉 180g
砂糖 5g、鹽 2g、融化奶油 10g

【材 料】

水蜜桃 3 片、香檳 200ml
焦糖醬適量

【作 法】

1. 先製作麵糊。牛奶與酵母混合；麵粉過篩。
2. 麵粉、砂糖、鹽及牛奶混勻，在室溫下靜置至麵糊膨脹時，加入奶油混勻即完成麵糊。
3. 平底鍋預熱，刷上少許油後舀入少量麵糊煎小圓餅，待麵糊起泡翻面，煎至兩面皆熟即可盛出。續煎數片放涼備用。
4. 鍋中放入水蜜桃，倒入香檳，以小火加熱至 80 度離火；取出水蜜桃切成四片。
5. 煎好的鬆餅堆成小塔，四周放上作法 4 的水蜜桃裝飾，再淋上焦糖醬，即完成。

3-1 **3-2** **4** **5**

Tips

1. 焦糖醬可參考 P.20 製作。
2. 也可將作法 4 的水蜜桃煮汁倒入小碟中當作沾醬使用。

【鬆餅二三事】

· 貝尼尼 (Blinis) 是蘇俄的 Pancake，通常被當成開胃菜，佐鮭魚子卵奶油或者煙燻鮭魚佐魚子醬一起食用。
· 貝里尼 (Bellini) 是香檳煮水蜜桃，它其實是義大利的知名調酒，這種知名調酒所使用的香檳是水蜜桃汁的一倍。此道薄餅搭配的水蜜桃即是以此為靈感製作，讓薄餅能在隱約中散發些許迷人的調酒風格。

最速配的美味組合

香蕉與櫻桃巧克力的天空

 麵 糊

低筋麵粉 150g、可可粉 50g、牛奶 250ml
蛋 3 個、蘇打水 25ml、沙拉油 15ml

 材 料

櫻桃果泥 250g、70％黑巧克力 100g
鮮奶油 130ml、砂糖 50g、香蕉 2 根
砂糖 5g、檸檬汁 1 小匙、糖粉少許

作 法

1. 先製作麵糊。將粉類材料分別過篩後全部放入一只大缽中,再依序加入蛋、牛奶、蘇打水、沙拉油拌合至沒有結粒,即完成麵糊的製作。
2. 平底鍋預熱,舀入適量麵糊,迅速使麵糊均勻散布至與鍋子同樣大小,煎至表面出現泡泡氣孔,麵糊凝固即可盛出,放涼備用。
3. 櫻桃果泥與糖放進鍋中煮至滾,加入鮮奶油,再煮滾。
4. 巧克力先放入大缽中,再沖入櫻桃鮮奶油,持打蛋器以順時鐘將兩者拌勻,拌至巧克力融化即完成巧克力醬。
5. 將 1 根香蕉切成小丁,與砂糖、檸檬汁一起放入小鍋,用文火煮至香蕉變軟,組織濃稠即可。
6. 另 1 根香蕉的下半部沾滿巧克力醬,放涼備用。
7. 薄餅稍微彎曲折在盤子內;放上作法 6 的巧克力香蕉及作法 5 的糖煮香蕉,最後撒上糖粉即可享用。

Tips

1. 煮櫻桃鮮奶油醬要用小火慢煮,以免燒焦。且倒入巧克力後,要順時鐘攪拌,否則巧克力會變得太稀,無法沾附在香蕉上。
2. 櫻桃果泥可參考 P.20 製作。

濃郁經典好誘人
榛果巧克力薄餅

 麵 糊

牛奶 250ml、低筋麵粉 125g、鹽之花 1g
蛋 3 個、紅糖 25g、融化奶油 125g
柑橘酒 10ml、柳橙皮碎 1 個

 材 料

薄荷葉少許、可可粉適量
Nutella 適量

作 法

1. 牛奶加溫;麵粉過篩後與鹽之花、糖、蛋、牛奶和奶油混合均勻。
2. 加入柑橘酒和柳橙皮碎拌勻即完成麵糊。
3. 平底鍋預熱後,加入少許油,舀入少許麵糊,快速搖晃讓麵糊完全鋪平鍋底。
4. 以小火慢煎,薄餅邊緣呈焦黃色時塗上 Nutella,對折再折,變成三角形。
5. 取出薄餅直接放入盤內,撒上可可粉,放上薄荷葉作裝飾即可享用。

Tips
1. 將榛果巧克力醬換成花生醬,也一樣可口好吃!
2. Nutella 是一種榛果巧克力醬,最早源自於義大利,薄餅攤位上一定可以見到它的蹤影。Nutella 公司更訂 2 月 5 日為世界的 Nutella Day,還研發食譜,讓大家除了薄餅外,也能廣泛運用 Nutella 製作蛋糕或餅乾。

PART2 MORNING TEA BREAK

優雅早茶
(11:00am)

早晨休息時間，
來杯咖啡搭薄餅吃剛剛好！
若沒吃早餐，
還有鹹薄餅可以選擇。

yed ricotta with bri

萊姆燒薄餅

麵糊

低筋麵粉 125g、砂糖 50g
蛋 3 個、沙拉油 15ml

材料

蜂蜜 60ml、萊姆 2 個
橄欖油 30g

作法

1. 先製作麵糊。麵粉過篩放入大缽中，再加入砂糖、蛋和沙拉油，攪拌至沒有結粒即完成麵糊。
2. 預熱平底鍋，舀入適量麵糊，迅速搖動平底鍋讓麵糊均勻散開，煎至薄餅雙面皆熟，即可放入盤中。
3. 取 1 個萊姆擠出汁，與蜂蜜一起放入小鍋中加熱，煮沸後離火。加入橄欖油拌勻完成蜂蜜萊姆汁。
4. 薄餅折成立體三角形，放在盤中，淋上作法 3 的蜂蜜萊姆汁。
5. 取另一萊姆，以細孔刨刀將外皮刨成細屑撒在薄餅上，即可享用。

薄餅二三事

在薄餅上淋摻入橄欖油的蜂蜜醬汁，就完成法國南部一道傳家的祖母風格甜點。使用普羅旺斯產的蜂蜜與橄欖油，更能貼近原來風味，這也就是所謂的「就地取材」。那麼身在亞洲要取那些材呢？建議讀者可以把薄餅當成粽葉，包入品質最棒的芒果果泥，呈現在地風土滋味。

甜鹹交錯的美味關係

培根香蕉蜂蜜薄餅

 麵 糊

高筋麵粉 100g、泡打粉 3g、鹽 3g
蛋 1 個 (50g)、水 140ml、沙拉油 20ml

 材 料

培根 1 片、香蕉 3 根、蜂蜜 2 大匙
奶油 10.5g、檸檬汁 2 大匙、砂糖 5 g
鹽 2g、酒漬櫻桃少許

作 法

1. 先製作麵糊。將粉類材料分別過篩後放入一個大缽中，在大缽內依序加入鹽、蛋、水混合均勻。
2. 加入沙拉油攪拌均勻至麵糊沒有結粒，即完成麵糊製作。
3. 培根放入已預熱的平底鍋，煎出香味，再切碎放涼；2 根香蕉切薄片備用。
4. 平底鍋加熱，抹上少許奶油，淋上薄餅麵糊，使麵糊均勻鋪在鍋面。
5. 至麵糊表面有點凝結，放上香蕉片，趁熱折疊成長方形，將薄餅放在盤子內。
6. 最後一根香蕉切成小丁；將香蕉丁、奶油 10g、檸檬汁、糖、鹽放入鍋中，以小火慢煮至香蕉熟軟，醬汁收乾即完成奶油香蕉。
7. 在盤中撒上培根碎，淋上蜂蜜，擺上酒漬櫻桃，佐奶油香蕉就是一道完美薄餅了。

Tips
培根可以先蒸熟，再放入平底鍋以小火煎，這樣做較易將油脂逼出，使培根被煎得更加酥脆。

綠色大地薄餅

材料

菠菜 125g、洋蔥 1/4 個、紅乾蔥 1 個、沙拉油 15ml、牛奶 25ml、蛋 1 個
低筋麵粉 35g、青豆泥 125g、巴西里葉 1 小株、豆蔻粉、鹽、研磨胡椒粉少許

作法

1. 菠菜汆燙後，擠乾水分切成小段；洋蔥與紅乾蔥切碎。
2. 取一平底鍋，倒少許沙拉油，將洋蔥與紅乾蔥炒香、炒熟，再放入菠菜，稍微拌炒即好。
3. 在大缽內依序放入麵粉 (過篩)、鹽、胡椒、豆蔻粉、牛奶、蛋、青豆泥與炒好的菠菜和巴西里，全部一起攪成麵糊。
4. 將鬆餅機預熱之後，抹上少許沙拉油，舀入一大匙麵糊，待麵糊表面略乾，蓋上機器蓋子，直到餅皮不沾黏機器，香氣出現，顏色略呈金黃色即可盛出享用。

3-1   3-2   4-1   4-2

Tips

1. 各種鬆餅機器的溫度和時間皆不同，需視麵糊熟度來判斷烘烤時間與溫度。
2. 若家裡沒有機器，也可在預熱平底鍋後加入少許沙拉油，舀入麵糊，將薄餅單面煎至八分熟時翻面，最後將麵糊煎熟即可享用。

薄餅二三事

· 這個綠色薄餅不是抹茶口味，而是法國羅亞爾河地區 (Pays-de-la-Loire) 的蔬菜薄餅 (Les crêpes vertes)。
· 本書使用的是 Verasu 鬆餅機。
· 義大利常見的餅乾機器 Pizzelle 和 Waffle Cone Maker 很相似，Pizzelle 壓出的鬆餅是薄的，口感比較接近餅乾，可以趁熱使用小擀麵棍捲出不同形狀，如：冰淇淋筒、菸捲、蝴蝶餅……等等。

甜與鹹的味覺衝擊

薑汁柳橙火腿蘋果酒薄餅

麵 糊

半鹽奶油 15g、低筋麵粉 125g
蛋 2 個、牛奶 125ml、蘋果酒 130ml

材 料

沙拉油 1 小匙、火腿 4 片
薑汁香橙片 1/2 片、鹽之花少許

作 法

1. 將奶油放入微波爐融化；麵粉過篩之後，放入大沙拉碗內，加入蛋、牛奶、蘋果酒和融化奶油拌勻，靜置至少 2 小時再使用。
2. 預熱平底鍋，舀入麵糊，並迅速搖動平底鍋讓麵糊均勻散開，煎至鍋邊薄餅顯出焦黃，翻面，薄餅雙面皆熟，即可放入盤中。
3. 平底鍋預熱，倒入少許沙拉油熱油，再放入火腿片煎熟。
4. 薄餅煎熟之後，對折成半圓形，鋪放上火腿片，再對折成等腰三角形。
5. 將薄餅放入盤中，放入薑汁香橙片做裝飾，最後撒上些許鹽之花即成。

Tips

1. 柔軟的薄餅嘗起來有甜味，也有鹹味，讓你跳脫對食物的刻版框框，展開一場味覺探索之旅。
2. 蘋果酒除了可以搭配薄餅一起吃，還可以加入麵糊中喔！

享受異國小鎮風味
杏仁紅糖薄餅

麵 團

低筋麵粉 200g、軟化奶油 50g、蛋 1 個
砂糖 15g、乾酵母 15g、檸檬皮碎 1 匙
鹽 1/2 小匙、水 50ml

材 料

帕林內紅糖 70g、打發鮮奶油 100g
砂糖 30g

作 法

1. 所有麵團材料放入一只大缽，混合成一個麵團，鬆弛 30 分鐘。
2. 將麵團擀成與平底鍋一樣的大小。
3. 餅放入平底鍋中略煎，再平均鋪在烤盤中，放進以 200 度預熱的烤箱，烤約 8 分鐘。
4. 取出烤盤後，撒上帕林內紅糖及砂糖，再烤 4～5 分鐘，烤至糖漿融化餅烤熟取出，擠入鮮奶油即成。

薄餅二三事

- 帕林內紅糖 (Pralines Concassees) 為一種裹著紅色糖衣的碎杏仁。當撒在薄餅上的紅糖融化，就完成一份美味的午後甜點。
- 法國羅納－阿爾卑斯大區 (Rhône-Alpes)、里昂 (Lyon) 附近有個從中古世紀就存在的小鎮佩魯日 (Pérouges)，當地最有名的甜點是 Galette de Pérouges，是一種以麵粉、蛋和糖製作，看起來像「派」的厚薄餅。這道食譜即是以 Galette de Pérouges 為靈感設計。

香脆又可口
蘇格蘭鬆餅與起士醬

 麵 糊

牛奶 350ml、低筋麵粉 200g、塔塔粉 2g
小蘇打粉 5g、砂糖 50g、蛋 2 個、鹽 5g
融化奶油 30g

 材 料

芥末籽醬 20g、煉乳 250ml、堅果 100g
鮮奶油 50ml、藍黴起士 200g

作 法

1. 先製作麵糊。牛奶加溫;麵粉、小蘇打與塔塔粉過篩之後與糖、鹽、蛋、牛奶和奶油混合均勻即完成麵糊。
2. 平底鍋預熱,在鍋子中央倒入適量麵糊,使其均勻散布,以小火慢煎,至表面出現小氣泡,翻面,雙面皆煎熟,即可盛出。續煎 1 片冷卻備用。
3. 芥末籽醬、煉乳、鮮奶油和藍黴起士放入碗中,持打蛋器混合,完成醬汁。
4. 堅果放入烤箱以 170℃烤 5 ~ 10 分鐘,烤至表面呈金黃色,並釋出香氣取出。
5. 2 片薄餅折成扇形放入盤中,淋上作法 3 的醬汁,撒上作法 4 的堅果即可享用。

Tips

1. 麵糊可以前一晚準備好。
2. 堅果可以選擇核桃、杏仁、松子……等,任一種使用。
3. 傳統的蘇格蘭鬆餅是沾果醬、奶油、楓糖漿等甜醬食用。你也可以嘗試將沾醬改成鹹的,感受獨特的風味。

簡單的優雅
蕾絲起士薄餅捲

材料

低筋麵粉 150g、薑黃粉 5g、蛋 2 個、鹽 3g、水 150ml、椰漿 150ml
融化奶油 20ml、馬蘇里拉起士片 1 包 (Mozzarella)

作法

1. 將麵粉和薑黃粉過篩放入一大缽中，依序加入鹽、蛋和水混合。
2. 加入椰漿和奶油，拌勻至沒有結塊。
3. 麵糊裝入塑膠罐；平底鍋預熱後轉小火，手持罐子一邊繞圈，一邊將麵糊擠入鍋內。
4. 至薄餅成圓形網狀，底部麵糊凝結，放上馬蘇里拉起士片。
5. 趁熱將薄餅連同起士一起捲成煙管狀即成。

薄餅二三事

· 蕾絲薄餅是一種馬來西亞 (Roti Jala) 薄餅，又稱蜂巢薄餅，鮮艷的黃色來自薑黃粉，是馬來西亞的常見小吃。

· 馬蘇里拉起士 (Mozzarella) 是一種冷、熱皆宜的義大利起士，如果想直接食用可以與番茄、巴西里葉與橄欖油搭配，如果想當成熱食食用，可加入義大利麵或披薩中，為佳肴提升美味度。

熱鬧的多重混搭口感

冰雪抹茶薄餅

 麵糊

奶油 80g、低筋麵粉 125g、砂糖 50g
蛋 3 個、抹茶牛奶 375ml

 材料

抹茶粉 5g、香草冰淇淋 1 球
烤過杏仁片少許、薄荷葉、焦糖醬適量

作法

1. 先製作麵糊。將奶油放入微波爐內融化；麵粉過篩後，放入大沙拉碗內，一邊攪拌一邊加入砂糖、蛋與抹茶牛奶。
2. 加入奶油拌勻至沒有結粒，並靜置 2 小時完成麵糊。
3. 平底預熱後，舀入麵糊，並迅速搖動平底鍋讓麵糊均勻散開，待薄餅邊緣焦黃即可翻面煎至薄餅雙面皆熟盛出，放涼備用。
4. 2 片抹茶薄餅皆折成三角形，放入盤中；放入杏仁片，撒上抹茶粉裝飾。
5. 擺上一球香草冰淇淋，再淋上焦糖醬，裝飾上薄荷葉即完成。

Tips
1. 這個薄餅有冷、熱、軟、脆四種口感，讓人樂在其中享受混搭好滋味。
2. 若買不到抹茶牛奶可以自行製作。抹茶、砂糖、奶粉的比例為 1：1：9。（EX：若用 3g 的抹茶粉就再加入 3g 砂糖和 27g 奶粉一起混合，加上熱水 360ml，即可沖泡出約 400ml 的抹茶牛奶）
3. 焦糖醬可至超市購買，或參考 P.20 製作。

薄餅起士捲

美味大匯集

麵糊

玉米粉 50g、低筋麵粉 50g、蛋 2 個
牛奶 250ml、萊姆酒 5ml、砂糖 10g

材料

葡萄乾 5g、杏桃乾 5g、木瓜乾 5g、鳳梨乾 5g
馬斯卡彭起士 100g、開心果 5g(烤過)
南瓜子 5g(烤過)、核桃 5g(烤過)

作法

1. 先製作麵糊。粉類材料分別過篩後放入大缽中，依序加入砂糖、蛋、牛奶及萊姆酒，混合至沒有結粒即完成麵糊。
2. 平底鍋預熱，舀入適量麵糊，讓麵糊均勻散開，煎至薄餅雙面皆熟盛出，放涼備用。
3. 水果乾、起士切成小丁；水果乾泡入開水中直至變柔軟，瀝乾備用。
4. 起士和水果乾、堅果放入缽中均勻混合。
5. 乾淨的砧板鋪上保鮮膜，放上薄餅，將起士混合物鋪上後，向前捲成壽司狀，再包上保鮮膜，放入冰箱冷藏定型約 30 分鐘。
6. 將保鮮膜拆除，薄餅捲兩頭切除，切成和壽司大小一樣的形狀即可盛盤享用。

Tips
你也可以替換成自己喜歡的果乾及起士。這是把薄餅當成壽司來製作的想法，用薄餅代替海苔，像做壽司一樣把喜歡吃的材料，通通捲進去！

PART3
LUNCH TIME

健康午餐
(11:30am)

想吃個清爽的輕食，
選擇薄餅準沒錯！
剛剛好的分量，
讓身體好輕盈。

征服味蕾的頂級口感

麵 糊

低筋麵粉 100g、砂糖 30g、蛋 1 個
蛋黃 2 個、蛋白 3 個、牛奶 240ml
鹽 0.5g、融化奶油 10g

材 料

新鮮干貝 6 個、奶油 20g、胡椒粉少許、鹽 2g
黃咖哩粉 5g、鮮奶油 10ml、檸檬汁 10ml
鹽之花 1g、芝麻糊 40g、蒜末 1/2 小匙
開水 30ml、沙拉油少許

作 法

1. 鹽 1g、芝麻糊、蒜末、檸檬汁、開水、沙拉油少許全部放入碗中拌勻，完成芝麻醬汁。
2. 干貝洗乾淨後，用奶油煎至兩面呈金黃色。
3. 加入咖哩粉再加入鮮奶油，最後撒上鹽 1g 和胡椒粉調味即可盛出干貝。
4. 接著製作麵糊。蛋白打發；低筋麵粉過篩放入大缽中，加入糖、鹽、蛋、蛋黃、融化奶油、牛奶攪拌均勻。
5. 在作法 4 中加入打發蛋白，輕輕拌勻完成麵糊。
6. 平底鍋預熱，舀入適量麵糊，迅速搖動鍋子讓麵糊均勻散開，煎至薄餅雙面皆熟，盛出。
7. 薄餅切成麵條狀，擺入盤中，表面撒上鹽之花，佐咖哩干貝、芝麻醬，趁熱享用。

Tips ....

1. 煎干貝時，須等奶油融解再放入干貝，若直接煎容易將干貝煎黑。

2. 咖哩干貝的口感非常高級，搭配薄餅麵、咖哩干貝及香濃的芝麻醬，能滿足重口味的人。

就愛吃起士
瑪格麗塔薄餅

 麵 糊

低筋麵粉 125g、砂糖 40g、鹽 1g
蛋 75g、蛋黃 1 個、蛋白 45g
融化奶油 15g、牛奶 300ml

 材 料

孔德起士 25g(Comté)、巧達起士 25g(Cheddar)
馬蘇里拉起士 25g(Mozzarella)、紅乾蔥 1 個
羅勒 1 小株、火腿 10g、培根碎 2g、葡萄乾 2g
橄欖油 1 小匙、鹽少許、番茄 3 個

作 法

1. 先製作麵糊。蛋白打發；低筋麵粉過篩放入大缽中，加入糖、鹽、蛋、蛋黃、融化奶油、牛奶攪拌均勻。

2. 在作法 1 中加入打發蛋白，輕輕拌勻完成麵糊。

3. 平底鍋預熱，舀入適量麵糊，迅速搖動平底鍋讓麵糊均勻散開，煎至薄餅雙面皆熟，即可放入盤中。續煎 3 片備用。

4. 4 片煎好的薄餅，折成三角扇形，組成 PIZZA 狀擺在餐盤內。

5. 番茄對切；3 種起士、紅乾蔥皆切片；羅勒摘葉；火腿切條；橄欖油、鹽混合。

6. 薄餅上撒上作法 5 的橄欖油和紅乾蔥片，再依順時針方向擺上番茄、羅勒、起士，最後撒上培根碎和葡萄乾，即完成。

Tips

可依個人喜好挑選自己喜歡的起士使用。

難以忘懷的吮指美味

天使雞翅薄餅捲

麵 糊

蕎麥粉 110g、鹽 3g
水 250ml、蛋 30g

材 料

冬粉絲 1/4 小碗、雞翅膀 2 大支、豬絞肉 50g、新鮮玉米粒 5g
砂糖 1/2 小匙、魚露 1/2 小匙、自發粉 1 大匙、蠔油 1/2 大匙
青蔥碎 1 大匙、玉米粉 1 大匙、醬油 4 大匙、麵包粉 2 大匙
水、白胡椒粉少許、巴西里葉、香菜、薄荷葉少許

作 法

1. 冬粉泡水切碎；將絞肉、玉米粒、青蔥碎、玉米粉、白胡椒粉、冬粉絲與醬油、蠔油、砂糖混合均勻完成內餡。
2. 雞翅去除大骨後，塞入內餡，塞滿後將雞翅放入盤子中，灑上魚露備用。
3. 預備蒸籠，在火爐上加熱等待水滾，水滾之後，放入雞翅盤，大約蒸 20 分鐘，雞翅熟之後，放涼備用。
4. 自發粉和水調成麵糊；雞翅沾上麵糊之後再沾上麵包粉，放入已預熱至 180 度的油鍋中，炸到金黃即可撈出放在吸油紙上吸油。
5. 接著製作麵糊。蕎麥粉過篩後放入大缽中，分兩次加入鹽和水拌勻，最後加入蛋混合均勻完成麵糊，靜置一晚後使用。
6. 平底鍋預熱，舀入麵糊並迅速使麵糊散布於鍋面，煎至薄餅雙面皆熟，取出，捲成管狀放入盤中。
7. 雞翅切開，放入盤中，撒上薄荷葉、香菜與巴西里葉裝飾，便完成了。

Tips

1. 建議事先調好麵糊。麵糊使用前須再次拌勻，若太稠可加些水混合。
2. 本食譜使用的蕎麥粉為研磨帶殼蕎麥粉，故麵糊顏色較深。
3. 若內餡料有剩，可以將其當作餃子餡或者加入少許玉米粉揉成丸子。
4. 塞好內餡的雞翅先蒸熟，再油炸就不用擔心，炸不熟的問題產生。
5. 也可將雞翅放涼，切成薄片包入薄餅中，若喜歡重口味可自行撒上胡椒鹽或沾番茄醬享用。

料理無國界

泰式酸辣鮮蝦炒餅

麵 糊

蕎麥粉 110g、鹽 3g
水 250ml、蛋 30g

材 料

沙拉油 2 大匙、辣椒醬 1 大匙、南薑 1 小匙、香茅 1 小匙
香菇 3 朵、聖女番茄 3 ~ 5 個、鮮蝦 30g、青檸葉 1 片
魚露 2 大匙、檸檬汁 1 大匙、香菜、巴西里葉少許

作 法

1. 先製作麵糊。蕎麥粉過篩後放入大缽中，分兩次加入鹽和水拌勻，最後加入蛋混合均勻完成麵糊，靜置一晚後使用。
2. 平底鍋預熱，舀入麵糊並迅速使麵糊散布於鍋面，煎至薄餅雙面皆熟，即可放入盤中，放涼備用。
3. 南薑、青檸葉、香茅切成細絲；鮮蝦剝去外殼，挑除背部沙腸；香菇切 4 小塊；聖女番茄切對；薄餅切成寬麵條狀。
4. 平底鍋預熱，鍋中倒入沙拉油，放入辣椒醬、薑絲、香茅絲、香菇、番茄，翻炒至香味釋出，加入鮮蝦略翻炒。
5. 加入薄餅麵，以魚露調味後加入香菜，關火。
6. 加入檸檬汁拌勻，盛盤後撒上少許巴西里葉與青檸葉絲裝飾即完成。

Tips

1. 喜歡吃辣的人，可以在作法 4 時加入紅辣椒片翻炒，或在享用時撒上辣椒粉。
2. 建議事先調好麵糊。麵糊使用前須再次拌勻，若太稠可加入些水混合。
3. 本食譜使用的蕎麥粉為研磨帶殼蕎麥粉，故麵糊顏色較深。
4. 這道菜是一道無國界料理。不僅把法式薄餅當成中式蔥油餅，還融入了泰式酸辣蝦湯中的元素，讓這道炒薄餅，吃起來不無聊。

麵糊

粗麥粉 90g、低筋麵粉 15g
米粉 60g、優酪乳 250ml
印度酥油 3～4 匙 (Ghee)

材料

帶皮雞胸肉 1 副、馬沙拉香料粉 1 大匙、鹽少許
蒜 20g、優格 2 大杯 (醃雞用)、白醋 1 小匙、薑 10g
紅色素 1 滴、TIKHALA 紅辣椒粉、巴西里少許
芭蕉葉 1 片

作法

1. 先製作麵糊。粉類材料分別過篩後，放入一大缽中，加入優酪乳和印度酥油均勻拌勻即完成。
2. 平底鍋預熱，舀入少許麵糊，同時煎製多個小圓餅，至圓餅雙面皆熟，即可盛出備用。
3. 接著醃製坦都里雞。薑、蒜拍成碎末，放入大碗中，加香料粉、白醋、紅辣椒粉、紅色素、優格 1 杯與雞肉一起混勻，醃製至少 2 小時。
4. 將雞肉放入微波爐，以 180 度煮 10～15 分鐘，確定雞肉煮熟之後，用烤肉夾夾住雞肉，在爐火上用大火，將雞肉周圍烤到有點焦黑即可盛盤備用。
5. 接著製作佐醬。將優格 1 杯與切碎的巴西里混合，撒入鹽調味即可。
6. 芭蕉葉鋪於盤底裝飾，圓形煎餅堆成一疊，最後放上烤雞，佐優格醬即可享用。

鬆餅二三事

一般來說坦都里雞肉需要放入溫度高達 400 度的坦都里烤爐裡製作，但一般家庭沒有這麼高溫的烤爐，所以我將製作程序稍作變化，讓讀者在家就能吃到印度傳統美味。但因為製作時間較久，如果當天時間較趕，建議在前一晚就先醃好雞肉。

體驗多層次口感
流星花園薄餅

 麵糊

蕎麥粉 110g、鹽 3g
水 250ml、蛋 30g

 材料

紅咖哩醬 2 大匙、洋蔥 1/2 個、番茄 1 個、初榨橄欖油 2 小匙
大香腸 4 根、培根 4 片、巧達起士 4 片、巴薩米克醋 1 大匙
蛋 1 個、生菜、黃椒、紅椒各 1/2 個、沙拉油、水少許

作 法

1. 蕎麥粉過篩後放入大缽中，分兩次加入鹽和水拌勻，最後加入蛋混合均勻完成麵糊，靜置一晚後使用。

2. 生菜對切成大塊，再切小段；紅、黃椒切條狀；生菜與紅椒、黃椒、橄欖油、醋拌勻即可放入小碗中備用。

3. 平底鍋預熱，放入培根煎出油來，煎至表面呈金黃色，取出；同鍋放入香腸煎熟，取出；同鍋，放入蛋煎成荷包蛋，取出備用。

4. 洋蔥切絲；番茄切小丁；平底鍋預熱，倒入少許油，以小火將洋蔥炒至軟，加入少許水，炒至洋蔥呈焦糖色，加入紅咖哩醬少許、番茄丁炒到水分收乾。

5. 可麗餅機預熱，舀入麵糊，並將麵糊展開成圓餅狀，當薄餅單面煎熟時，塗抹上紅咖哩醬，依序放入洋蔥、培根香腸與起士片。

6. 待起士片漸漸融化，把薄餅折成四角形，放上荷包蛋，即可盛盤。最後在盤中放上配菜沙拉，即可享用。

Tips

1. 建議先調好麵糊。麵糊使用前須再次拌勻，若太濃稠可加少許水混合。

2. 本食譜因使用研磨帶殼蕎麥粉，故麵糊顏色較深。

3. 培根、香腸、起士和荷包蛋是早餐界的 F4，細細享受口中的多層次口感，就像置身在流星花園內一樣。

超人氣的泰式風味

泰式打拋鹹薄餅

 麵糊

蕎麥粉 110g、鹽 3g
水 250ml、蛋 30g

 材料

絞肉 100g、長豆 1 根、大蒜 1 瓣、紅辣椒 2 根、蛋 2 個
雞湯 1/8 杯、醬油 1 小匙、蠔油 1 小匙、砂糖 1 小匙
沙拉油 1 大匙、泰式巴西里葉 1/4 杯

作法

1. 大蒜和辣椒 1 根搗碎或切碎；另 1 根辣椒切絲；長豆切 2 公分段；巴西里葉洗淨。
2. 炒鍋內放少許沙拉油，打一個蛋煎成荷包蛋備用；雞湯、醬油、蠔油、砂糖混合成醬汁。
3. 熱鍋，倒入沙拉油，炒香大蒜和辣椒，放入絞肉翻炒至香味釋出，加入長豆翻炒。
4. 加入作法 2 的醬汁，起鍋前放入巴西里葉與辣椒絲，稍微拌炒即起鍋。
5. 接著製作麵糊。蕎麥粉過篩後放入大缽中，分兩次加入鹽和水拌勻，最後加入蛋混合均勻完成麵糊，靜置一晚後使用。
6. 可麗餅機預熱，舀入麵糊，並將麵糊展開成圓餅，當單面煎熟時，將餅折成方形，盛盤。
7. 盤中舀入打拋肉、擺上荷包蛋即可享用。

Tips

1. 多炒的打拋肉，可以做成熱狗三明治、拌麵、或者搭配白飯食用。
2. 打拋肉炒好會有些許醬汁，所以如果想用餅將肉包裹住的話，可以炒乾一點。
3. 辣椒份量可視個人喜好增減。
4. 打拋肉是一道世界級的泰國名菜，又香又辣，非常下飯。將它和法式薄餅一起吃，能帶來不同的樂趣，加入一個荷包蛋，感覺就更豐盛了。
5. 建議事先調好麵糊。麵糊使用前須再次拌勻，若太濃稠可加入少許水混合。
6. 本食譜使用的蕎麥粉為研磨帶殼蕎麥粉，故麵糊顏色較深。

超濃郁南洋風

泰式綠咖哩薄餅

麵糊

蕎麥粉 110g、鹽 3g
水 250ml、蛋 30g

材料

綠辣椒 1 支、紅辣椒 1 支、泰國茄子 2 個、去皮雞胸肉 150g
檸檬葉 2 片、椰奶 220ml、綠咖哩醬 2 大匙、棕梠糖 2 大匙
沙拉油 20ml、玉米粉 1 小匙、水 3 小匙、九層塔 10g、蛋 3 個
魚露 2 大匙

作法

1. 先製作麵糊。蕎麥粉過篩後放入大缽中，分兩次加入鹽和水拌勻，最後加入蛋混合均勻完成麵糊，靜置一晚後使用。
2. 綠辣椒、紅辣椒切滾刀、去籽；泰國茄子切 4 瓣，並放入鹽水浸泡避免變色；九層塔只取葉片，留一小株做裝飾。
3. 檸檬葉對折，葉梗剝掉，葉片再對撕成 1/4 大小；雞肉切小塊；玉米粉和水混合備用。
4. 在容器中先將蛋打散；平底鍋預熱，熱好油，下入蛋液煎成蛋皮備用。
5. 椰奶 200ml 倒入鍋中以小火煮滾後，加入綠咖哩醬混合均勻，慢煮至表面油質浮現，加入雞肉輕翻炒至雞肉熟。
6. 加入椰奶 20ml，煮滾後加綠辣椒、紅辣椒、泰國茄子、檸檬葉、魚露和棕梠糖，小火滾煮約 10 分鐘，加入玉米粉水及九層塔葉拌炒均勻，盛出備用。
7. 在作法 4 煎好的蛋皮上放綠咖哩雞，將蛋皮往內摺成方盒。
8. 可麗餅機預熱，舀入麵糊，持 T 字棒將麵糊平均攤開。當餅皮表面凝固，放上作法 7 的蛋包，將薄餅往內摺成方形，盛入盤中。(封口朝下)
9. 以小刀在方形薄餅中間劃十字，將餅皮四面翻開，擺上九層塔葉裝飾即完成。

Tips

1. 建議事先調好麵糊，讓麵糊靜置一晚。使用前將麵糊拌勻，若太濃稠可加入少許水混合。
2. 內餡可隨個人喜好變換，但食材必須煮熟，並避免湯汁過多，造成包裹困難，甚至影響美觀。

牛肉漢堡馬鈴薯煎餅

麵糊

低筋麵粉 15g、洋蔥 1/2 個
小馬鈴薯 5 個、胡椒粉 1/2 小匙
蛋 4 個、鹽 1/2 小匙
沙拉油和奶油適量

材料

漢堡：牛絞肉 300g、碎洋蔥 1/2 個、鹽 1/4 小匙
　　　胡椒少許、橄欖油 1 大匙、豬網油 2 大張
　　　蛋 1 個
紅酒醬汁：紅酒 100ml、紅乾蔥碎 1 大匙
　　　　　牛高湯 20ml、奶油 10g
生菜沙拉：生菜 1/2 個、孔德起司片 1 塊
　　　　　聖女番茄 2 個、芥茉籽醬 1 大匙

作法

1. 先製作麵糊。麵粉過篩；洋蔥切絲；馬鈴薯烤熟，挖出薯泥備用。
2. 將麵粉、鹽、胡椒、洋蔥絲、馬鈴薯泥、蛋放入大缽中，拌勻成麵糊。
3. 平底鍋預熱，加少許沙拉油和奶油，舀入適量麵糊，將雙面煎至金黃酥脆，盛出備用。
4. 開始製作漢堡肉。牛絞肉、碎洋蔥、蛋、胡椒、鹽，混合做成漢堡肉，再等分成每個約 90g 的小漢堡肉團。
5. 豬網油裁成適當大小，將漢堡肉裹住；平底鍋預熱，倒入橄欖油，下漢堡肉煎熟，盛出。
6. 再來調製紅酒醬汁。紅酒和紅乾蔥碎放入小鍋，炒香後加入高湯，以小火煮至醬汁濃縮成原來的一半份量，篩去紅乾蔥碎。
7. 醬汁續煮至滾時，加入奶油混合均勻即完成醬汁。
8. 最後製作沙拉。生菜洗乾淨，瀝乾水分；孔德起士切塊；番茄切片與芥末籽醬混合。
9. 在盤中排入馬鈴薯煎餅，旁邊擺上漢堡肉及沙拉起士，最後淋上紅酒醬汁即完成。

Tips
英國名菜威靈頓牛肉的作法是，將薄餅包裹住牛肉，最外層再包上麵皮，放入烤箱中烤熟。由此可知，薄餅和牛肉非常契合，兩者組合在一起能締造完美風味。

最純粹的自然原味
大地薄餅

麵 糊

低筋麵粉 125g、蕎麥粉 15g、鹽 1g
牛奶 375ml、蛋 1 個、融化奶油 8g

材 料

紅椒 1/4 個、黃椒 1/4 個、黃瓜 1/4 條
蘿蔓生菜 2 片、聖女番茄 2 個
奶油起士適量 (Boursin)

作 法

1. 先製作麵糊。粉類過篩；牛奶加溫；在大缽中依序加入麵粉、蕎麥粉、鹽、牛奶、蛋、融化奶油，慢慢拌勻至沒有結粒即完成麵糊。
2. 薄餅機預熱，舀入 1 大匙麵糊，蓋上機器烤約 2 分鐘，至薄餅呈金黃色，紋路明顯即可。
3. 將紅椒、黃椒和黃瓜去籽切成細條狀；蘿蔓生菜洗淨晾乾；聖女番茄切成四瓣。
4. 薄餅鋪平塗抹上奶油起士，再依序鋪上 2 片蘿蔓葉、黃瓜條、黃椒條、紅椒條與番茄。
5. 餅皮左右向中心點內折成一扇形，再包上烤盤紙固定，以方便食用。

Tips

1. 五顏六色的蔬菜，是大地的兒女，品嘗生鮮蔬果的同時，也能體會一切來自大自然的恩賜。
2. 法國的奶油起士 (Boursin)，質地柔軟，嘗起來有大蒜的風味，如果不喜歡大蒜味，也可以任選一款奶油起士替代。
3. 蔬菜薄餅捲不宜在室溫下放置太久，以免蔬菜出水風味變質。

PART4
AFTER LUNCH

幸福午後
(2:00pm)

一忙碌起來忘了午餐時間，
想起來的時候已經超過中午。
此時，快做一份薄餅餐給自己，
慰勞自己飢餓的胃吧！

孔德起士薄餅佐果醬

 麵糊

葡萄乾 40g、馬蹄粉 150g、糖 45g
蛋 1 個、牛奶 100ml、水 20ml
油適量

 材料

孔德起士 20g(Comté)、葡萄乾 1 大匙
櫻桃、新鮮草莓、薄荷葉、櫻桃果泥、
葡萄果凍各少許、萊姆酒、沙拉油適量

作法

1. 先製作麵糊。葡萄乾泡水至軟，瀝乾備用；馬蹄粉過篩，放入一個不銹鋼大缽內。
2. 在大缽內依序加入糖、蛋、牛奶、水混合均勻。
3. 加入沙拉油、葡萄乾攪拌均勻至麵糊沒有結粒，即完成麵糊製作。
4. 用削皮刀將孔德起士切成小片；葡萄乾浸泡於萊姆酒中，泡軟瀝乾水分。
5. 平底鍋先刷上少許沙拉油預熱，再舀入麵糊，並快速轉動平底鍋讓麵糊在鍋底散開。
6. 在麵糊上均勻的撒上葡萄乾與起士，煎至餅皮周圍上色，起士融化盛出。
7. 將薄餅移置砧板上，捲成煙管狀，切成 2 份，斜靠呈現高度。
8. 在盤子邊裝飾櫻桃、草莓與薄荷葉，佐櫻桃果泥與葡萄果凍食用即可。

Tips
櫻桃果泥與葡萄果凍可以到超市買現成的，或參考 P.20、P.23 製作。

簡單又清爽
柳橙奶油起士捲餅

麵 糊

低筋麵粉 125g、砂糖 50g、融化奶油 50g
蛋 75g、有機燕麥奶 250ml、葡萄乾適量

材 料

橘蜜奶油起士 200g、溫室番茄 2 個
萊姆酒 100ml、葡萄乾 70g
柳橙皮碎、檸檬皮碎少許

作 法

1. 先製作麵糊。麵粉過篩和砂糖、蛋、燕麥奶、融化奶油混合均勻，完成麵糊。
2. 平底鍋預熱，舀入適量麵糊，迅速搖動平底鍋讓麵糊均勻散開，煎至薄餅雙面皆熟，即可放入盤中，放涼備用。
3. 將葡萄乾浸入萊姆酒中泡軟，瀝乾備用。
4. 奶油起士與一半的柳橙皮碎混合；番茄對切。
5. 攤開薄餅將作法 4 的起士抹勻，撒上葡萄乾，整齊擺上番茄，捲起來。
6. 將薄餅捲斜切成 2 份，靠在一起，再撒上柳橙皮碎與檸檬皮碎即完成。

Tips

若不喜歡奶油起士，也可以使用茅屋起士 (Cottage cheese) 與生菜、番茄、葡萄乾擺在一起，淋上少許油醋醬，做成沙拉，包入捲餅又是一份簡單美味的輕食。

優雅的摩洛哥甜點
歐拉拉薄餅

 麵糊

新鮮酵母 2.5g、低筋麵粉 125g、沙拉油 50ml
鹽少許、蛋 2 個、水 25ml、牛奶 250ml

 材料

乾鳳梨丁 10g、乾木瓜丁 10g、開心果 5g
無花果乾 2 個、南瓜籽 5g、碎核桃 5g
白葡萄乾 5g、蜂蜜 100ml、沙拉油少許

作法

1. 先製作麵糊。先將水與新鮮酵母混合，再加入麵粉、蛋、牛奶、沙拉油拌勻麵糊，最後加入少鹽調味即完成麵糊。

2. 取適量麵糊放入塑膠罐中；預熱平底鍋，擠入麵糊，使麵糊呈中空圓網狀，煎熟後盛出備用。

3. 預熱平底鍋，加入少許油，舀適量麵糊在鍋中，快速搖晃讓麵糊完全鋪平鍋底，以小火慢煎，煎熟之後翻面，兩面皆熟後，趁熱取出折成長方形。

4. 以網狀薄餅，將長方形薄餅包住；蜂蜜、水果乾及堅果類材料，全部混合備用。

5. 盤子上首先放入薄餅再將蜂蜜乾果放置一旁，裝飾上薄荷葉即完成。

薄餅二三事

這是來自摩洛哥卡薩布蘭卡的 Ouakrim（歐拉拉）先生教我做的，他說：「在摩洛哥薄餅 Pancake 又稱為 Baghris。吃很甜的甜點，喝清涼的薄荷茶，是摩洛哥人的習慣。傳統的摩洛哥甜點常常使用蜂蜜和堅果類來製作。」所以，你也可以學摩洛哥人，在吃這道薄餅時搭配薄荷茶試試看！

酸香莓果好清新
莓果香堤薄餅

 麵 糊

低筋麵粉 125g、乾酵母 3g、蛋 1 個
牛奶 250ml、沙拉油 50ml

 材 料

蔓越莓 100g、鮮奶油 350ml
藍莓、薄荷葉少量、砂糖 30g

作 法

1. 在鮮奶油中加入砂糖攪打至硬性發泡，拌入蔓越莓，放入冰箱冷藏。
2. 接著製作麵糊。將麵粉過篩後放入大缽中，加入乾酵母、蛋、牛奶、沙拉油攪拌均勻即完成。
3. 平底鍋預熱後，舀入適量麵糊，迅速搖動平底鍋讓麵糊均勻散開，至薄餅邊緣焦黃翻面，兩面皆煎熟後，即可盛盤。續煎 1 片薄餅放涼備用。
4. 將 2 片薄餅都折成三角形，放入盤中。
5. 享用時將作法 1 的鮮奶油從冰箱取出，用湯匙挖成橢圓狀，擺放在 2 片薄餅中間。
6. 放上新鮮藍莓、薄荷葉做裝飾即完成。

Tips

1. 動物性鮮奶油加上少許糖一起打發即是香堤奶油醬。
2. 香堤奶油醬能與各式莓果搭配，也能與不同風味的配料一起調和，創造各種不同的美味 (如：咖啡、抹茶、香草、焦糖醬。)

享受香醇濃郁的滑順口感
鮭魚慕斯圍裙捲

 麵糊

麵粉 180g、乾酵母 2g、融化奶油 10g
牛奶 250ml、砂糖 5g、鹽 2g

 材料

煙燻鮭魚 200g、白起士 175g、鮮奶油 100ml
檸檬汁 20ml、蜂蜜 20ml、鹽、胡椒粉、
法式白醬各適量、魚子醬少許

作法

1. 先製作麵糊。牛奶加溫後與乾酵母混合；麵粉過篩。
2. 麵粉、牛奶、砂糖及鹽混合均勻，在室溫下靜置至麵糊膨脹時，加入奶油混勻，即完成麵糊。
3. 薄餅機預熱，舀入 1 大匙麵糊，蓋上機器烤約 2 分鐘，至薄餅呈金黃色，紋路明顯即可。
4. 將鮭魚、白起士、鮮奶油、檸檬汁、蜂蜜，用食物調理機內打成泥狀，再加入鹽與胡椒粉調味完成鮭魚慕斯。
5. 先將薄餅兩側向中心對折成衣領狀，再將其圍成中空圓形，放在盤中央，擠入適量作法 4 的鮭魚慕斯。
6. 於頂部放上少許魚子醬，盤子四周淋上法式白醬即完成。

Tips
1. 法式白醬作法可參考 P.21 製作。
2. 把這道菜縮小尺寸，放在湯匙中，也能當作餐前菜喔！

豐盛又營養
綠光薄餅

 麵 糊

菠菜 100g、高筋麵粉 150g、蛋 2 個
牛奶 300ml、帕瑪森起士粉 20g

 材 料

蛋 2 個、瑞可塔起士 250g、煙燻鮭魚碎 70g
煙燻鮭魚片 100g、時蘿碎 1 小把、黃檸檬片 1 片
胡椒、大蒜碎、沙拉油少許

作 法

1. 菠菜洗淨切小段，煮一鍋加入少許鹽的滾水，加入菠菜煮約 2～3 分鐘，撈出。

2. 將菠菜放入冷水中浸泡 1 分鐘，瀝乾後切碎。

3. 接著製作麵糊。將麵粉過篩後，放入一大缽中，加入牛奶、蛋、帕瑪森起士粉、菠菜泥拌勻完成麵糊。

4. 將瑞可塔起士、鮭魚碎、時蘿碎、大蒜碎和胡椒混合，做成起士醬。

5. 在平底鍋上淋少許油，將蛋煎成太陽蛋。

6. 可麗餅機預熱，舀入麵糊，持 T 字棒把麵糊從圓心向外畫圓圈，直到麵糊平均攤開。

7. 當餅皮表面凝固，鋪煙燻鮭魚片，放太陽蛋，至薄餅煎脆，向內折成方形餅，露出蛋黃。

8. 起士醬放器皿中，並放入檸檬薄片裝飾；在薄餅上撒時蘿做裝飾，佐起士醬食用即完成。

Tips

1. 若時令過季，找不到菠菜，可尋找其他綠色的蔬菜替代。如青江菜、地瓜葉、香菜、九層塔等。

2. 若使用平底鍋煎餅皮，請使用小火，並盡量把餅皮煎薄。

鮭魚起士捲

 麵 糊

低筋麵粉 125g、半鹽奶油 15g
牛奶 125ml、蘋果酒 130ml、蛋 2 個

 材 料

洋蔥 1/4 個、大蒜 2 小匙、煙燻鮭魚 100g
煮熟馬鈴薯 1/4 個、打發鮮奶油 1 大匙
巧達起士絲適量、鹽、胡椒、橄欖油適量
紅乾蔥 1 大匙

作 法

1. 先製作麵糊。將奶油放入微波爐融化，麵粉過篩之後，放入大沙拉碗內，加入蛋、牛奶、蘋果酒和融化奶油拌勻，靜置至少 2 小時再使用。

2. 預熱平底鍋，舀入麵糊，並迅速搖動平底鍋讓麵糊均勻散開，煎至鍋邊薄餅顯出焦黃，翻面，薄餅雙面皆熟，即可放入盤中。續煎 1 片薄餅放涼備用。

3. 洋蔥、大蒜、紅乾蔥切碎；鮭魚和馬鈴薯切小塊備用。

4. 平底鍋倒入少許橄欖油，放入大蒜碎、紅乾蔥碎與洋蔥碎，加入鹽與胡椒調味，將食材炒至軟即可離火。

5. 作法 4 炒好的全部食材放入大缽中，與鮮奶油混拌成內餡。

6. 將薄餅平鋪，放上適量內餡，捲成春捲狀，移入烤培器皿中。

7. 撒上起士絲，放入事先以 200 度預熱的烤箱，烤約 10 分鐘，當薄餅酥脆，起士絲融化，即可趁熱享用。

Tips
1. 鮭魚捲若想做成三明治捲，可省略放入烤箱的步驟，直接將起士絲包入內餡當中即可。
2. 調製內餡時，要特別留意湯汁是否過多，湯汁過多會讓捲餅太過濕潤，造成餅皮破裂。

味蕾與視覺的雙重享受

培根起士雙層薄餅

 麵糊

中筋麵粉 185g、泡打粉 8g、乾酵母 3g
水 150ml、砂糖 30g、鹽 2g、蛋 75g
牛奶 225ml、油少許

 材料

蛋白 3 個、培根 4 片、起士片 2 片
番茄片 2 片、火腿 4 片、起士絲 10g
沙拉油少許、巴西里葉少許

作法

1. 先製作麵糊。取少許水加溫後與酵母混合成酵母水。
2. 粉類材料全部過篩，放入大缽中，加入糖、鹽、蛋、酵母水、牛奶、油及剩餘的水拌勻即完成麵糊。
3. 平底鍋預熱，熱油，舀入適量麵糊，迅速搖動鍋子使麵糊均勻散開，至薄餅邊緣焦黃即可盛出備用。
4. 平底鍋預熱，放入培根煎至脆，取出備用；火腿放入鍋中略煎至金黃取出備用。
5. 平底鍋加入足夠的沙拉油，將蛋白倒入，使蛋白在鍋中平均散開，煎成與鍋子同樣大小的蛋皮。
6. 在盤子上先將蛋皮攤開，再將薄餅蓋到蛋皮上，依序放入火腿、培根、起士和番茄片，最後撒上起士絲。
7. 將餅皮向內折成三角扇形，表面撒上巴西里葉即完成。

Tips

1. 蛋白若不新鮮，容易有腥味。
2. 煎蛋白時，油量要多，鍋子要夠熱，但火不要轉太大，否則很容易黏鍋，造成蛋白破裂或者燒焦。

一口吃進三種美味

鴨肉荔枝沙拉薄餅

 麵糊

蕎麥粉 110g、鹽 3g
水 250ml、蛋 30g

 材料

烤鴨肉 200g (帶皮無骨)、荔枝肉 5 個 (去籽)、棕梠糖 1 大匙
黑醋 1 大匙、醬油 3 大匙、鴨肉醬汁 2 大匙、薑末 2 小匙
大蒜片 2 小匙 (炸過)、花生 2 大匙 (炸過)、青蔥 2 根
白芝麻 1 小匙 (1/2 炒香)

作法

1. 將棕梠糖、黑醋、醬油、鴨肉醬汁放入小鍋中,以小火煮滾約 3 分鐘,至醬汁呈黏稠狀,
   關火,撒下白芝麻 1/2 小匙,倒入碗中備用。

2. 鴨肉切成厚度約 1 公分的厚片;荔枝果肉對切;青蔥切成 2 公分的段;將鴨肉、荔枝、
   蔥、薑末、大蒜片、花生、白芝麻 1/2 匙放入沙拉碗中拌勻。

3. 接著製作麵糊。蕎麥粉過篩後放入大缽中,分兩次加入鹽和水拌勻,最後加入蛋混合均
   勻完成麵糊。

4. 可麗餅機預熱,舀入麵糊,持 T 字棒將麵糊平均攤開,當餅皮煎熟後,放上作法 2 的荔
   枝鴨肉並淋上醬汁。

5. 將薄餅向內折,包成三角形,再用烤盤紙包覆住薄餅,即可外帶享用。

Tips

1. 麵糊須於前一天調好靜置一晚。使用前將麵糊拌勻,若太濃稠可加入少許水混合。

2. 醬汁過多會造成餅皮濕潤,失去香脆口感,所以須別注意淋入餅中的醬汁分量。

3. 這個薄餅不僅包含了酸、甜、鹹 3 種風味,還融合了法式薄餅、中式烤鴨包餅、泰式
   醬汁 3 種異國美食元素,是一道自然又輕鬆的美味料理。

PART5
TEA TIME

優閒午茶
(3:00pm)

慵懶的下午，最適合喝杯茶，
聽聽音樂，放鬆身心補充元氣，
迎接即將來臨的新挑戰！

三種美味一次滿足
綠色之心

 麵糊

低筋麵粉 150g、牛奶 300ml、蛋 2 個
帕瑪森起士粉 20g、菠菜 100g

 材料

肉桂棒 1 根、水梨 1 個、藍黴起士 100g
杏仁片 10g、葡萄乾 10g、萊姆酒 20ml
糖 333g、水 500ml、花蜜 2 大匙
八角 2 個

作法

1. 菠菜洗淨切小段，煮一鍋加入少許鹽的滾水，加入菠菜煮約 2～3 分鐘，撈出。
2. 菠菜放入冷水中浸泡 1 分鐘，瀝乾後切碎，做成菠菜泥。
3. 接著製作麵糊。將麵粉過篩後放入一個大缽中，加入牛奶、蛋、帕瑪森起士粉、菠菜泥拌勻。
4. 將麵糊放入心形鍋中煎熟，煎 3 片放涼備用。
5. 取一只鍋子將糖、水、八角和肉桂一起煮沸，完成糖漿 20℃。
6. 水梨削皮去籽，切成 8 等份，放入作法 5 的鍋中煮至滾，再浸泡一晚，完成糖漬水梨。
7. 取出水梨並濾出糖水；藍黴起士切小塊、杏仁片放入烤箱烤上色；葡萄乾泡入萊姆酒，使用前瀝乾。
8. 在一片薄餅的一邊擱上起士片，另一邊擺上葡萄乾；在另一片薄餅的表面淋上花蜜再黏上杏仁片。
9. 取一只餐盤，放入 3 片薄餅，放上糖漬水梨，點上花蜜裝飾即完成。

Tips
1. 若家中沒有造型鍋，也可以先煎好圓形的薄餅，再拿模型壓成心形。
2. 水果可以自行替換成芒果、草莓等……。
3. 菠菜泥可以替換成紅蘿蔔泥，顏色看起來會更漂亮。

Tea time

裝填滿滿的幸福
布列塔尼福袋

 麵糊

低筋麵粉 100g、蕎麥粉 15g、蛋 3 個
鹽之花 1 小撮、溫牛奶 250ml
沙拉油 50ml、蘇打水 1 小匙

 材料

碎核桃 20g、蜂蜜蛋糕 1 塊 (切小塊)
焦糖醬 50g、新鮮藍莓 1 大匙、沙拉油少許

作法

1. 先製作麵糊。將粉類材料分別過篩後放入大缽中，再加入鹽之花、蛋、牛奶、蘇打水、沙拉油拌勻，完成麵糊。

2. 在平底鍋上抹少許沙拉油，鍋子預熱，舀入一大匙麵糊，轉動平底鍋讓麵糊均勻分布於鍋內，煎熟之後翻面，取出備用。

3. 烤香碎核桃，以 170 度預熱烤箱，放入碎核桃烤約 5 分鐘，或烤至核桃香氣釋出即可。

4. 張開薄餅，將蛋糕置中，包成福袋，以牙籤固定，備用。

5. 在盤子上將核桃、藍莓放成一個圈，淋上焦糖醬，再放入福袋即完成。

Tips

1. 若鍋子為不沾鍋，可省略在平底鍋上抹沙拉油的步驟。(作法 2)

2. 福袋的內餡可以隨意變換成你喜歡的蛋糕，如：水果蛋糕、瑪德蓮、起士蛋糕。

3. 焦糖醬可買現成的使用，或是參考 P.20 製作。

4. 位於法國西北部的布列塔尼，有許多出名的特產，有薄餅 (法語 Crêpe，布列塔尼語 Krampouezhenn)，蜜糖酒 (布列塔尼語 Chouchen)，奶油烘餅 (法語 Galette，布列塔尼語 Kouign amann) 蘋果酒 (法語 Cidre，布列塔尼語 Sistr)，鹹味牛奶糖 (法語 Caramel au beurre salé) 等。

揭開美味序曲

無花果蛋糕薄餅

 麵糊

低筋麵粉 100g、鹽 2g、水 300ml

 材料

紅葡萄柚 3 片、新鮮百香果汁 2 小匙
有機無花果乾 1 個、巧克力蛋糕 1 個
可可粉少許

作法

1. 先製作麵糊。麵粉過篩後與鹽、水混合均勻即完成麵糊。
2. 舀少許麵糊在可麗餅機上，使用 T 字棒，將薄餅轉成圓形，煎的越薄越好。
3. 以小火慢煎，單面煎熟，即可。
4. 葡萄柚去皮，切下 3 片果肉與百香果汁混合。
5. 取一個圓盤，擺上巧克力蛋糕，再置入無花果乾。
6. 將薄餅披覆在蛋糕上，葡萄柚放上後撒上可可粉即完成。

Tips

1. 麵糊可以在前一晚預先準備好。
2. 如蕾絲般的薄餅，披覆在無花果巧克力蛋糕上，佐酸甜濃郁的百香果與紅葡萄柚，能達到味覺上的酸甜平衡。
3. 可將蛋糕變換成喜歡的起士蛋糕、戚風蛋糕，也可以自由更換自己喜歡的水果，變化自己喜歡的味道。

層層交織的美妙交響曲
水果千層蛋糕

麵糊

低筋麵粉 125g、蛋 3 個、紅糖 25g
牛奶 250ml、融化奶油 125g、鹽之花 1g

材料

鳳梨 150g、砂糖 20g、水 40ml、南薑 1/2 片
草莓 100g、冰糖 10g、檸檬汁 10ml
打發鮮奶油 200g、薄荷葉少許

作法

1. 先製作麵糊。麵粉過篩後放入大缽中，加入鹽之花、糖、蛋、牛奶、融化奶油混合至沒有結粒即完成。
2. 平底鍋預熱，舀適量麵糊，讓麵糊均勻散開，煎至薄餅雙面皆熟，即可盛出，續煎數片放涼備用。
3. 薑磨成泥；鳳梨切小丁與砂糖和水 20ml 一起放入鍋中以小火煮滾，冷卻後瀝掉糖漿，備用。
4. 草莓切丁；冰糖、水 20ml 與檸檬汁放入鍋中煮至滾時，放入草莓丁略煮片刻，使用前瀝乾糖漿，放涼備用；鮮奶油打發，冷藏備用。
5. 在薄餅上均勻塗抹鮮奶油後撒上少許鳳梨丁，鋪上第二層薄餅，抹上鮮奶油撒上草莓丁。
6. 重覆作法 5，製作至少 20 層，最後擺上新鮮草莓、鳳梨和薄荷葉裝飾。

Tips
製作千層蛋糕時，請確認每一層都鋪撒得很均勻。

藍黴起士之戀

昂貝爾圓筒起士薄餅

 麵糊

低筋麵粉 125g、砂糖 38g、全蛋 70g
蛋黃 1 個、蛋白 70g、融化奶油 15g
牛奶 300ml

 材料

法式白醬 20ml、芝司樂起士片 3 片
昂貝爾圓筒起士 10g(Fourme d'Ambert)

作法

1. 先製作麵糊。蛋白打發；低筋麵粉過篩放入大缽中，加入糖、鹽、全蛋、蛋黃、融化奶油、牛奶攪拌均勻。

2. 在作法 1 中加入打發蛋白，輕輕拌勻完成麵糊。

3. 平底鍋預熱，舀入適量麵糊，迅速搖動平底鍋讓麵糊均勻散開，煎至薄餅雙面皆熟，即可放入盤中。續煎 3 片備用。

4. 將法式白醬均勻塗抹在薄餅上，捲成煙管狀。

5. 捲好的薄餅排放好，放入瓷器內，鋪上起士片，放上昂貝爾圓筒起士塊，直接以火噴槍，將起士烤成金黃色即可。

Tips

1. 法式白醬可參考 P.21 製作。

2. 家裡沒有噴槍，也可將薄餅放入以 200 度預熱的烤箱中，烤約 5 分鐘或烤至起士融化。

3. 起士片也可以換成其他廠牌或者換成起士絲。

4. 昂貝爾圓筒起士 (Fourme d'Ambert) 產於法國中部奧弗涅 (Auvergne)，口感溫和不刺激，還帶有些許甜味，是首次嘗試藍黴起士的人的入門首選，也常是起士行家的口袋名單。

5. 若手邊沒有昂貝爾圓筒起士，也可以將食材換成西羅普藍黴起士 (Shropshire Blue) 或者甜的古岡左拉起士 (Gorgonzola)。

道地的韓風美味

西谷米蝶豆花餅

 麵團

蝶豆花 5g、熱水 50ml、糯米粉 100g
砂糖 5g、鹽 2g、沙拉油 5ml

 材料

水 125ml、西谷米 25g、熱水 500ml
白米 25g、椰奶 125ml、砂糖 5g
紅棗、香菜少許

 作法

1. 取一個鍋子將熱水 500ml 燒開，放入西谷米，以小火煮約 8～10 分鐘後加入砂糖，至西谷米脹大即可盛入碗中備用。
2. 白米洗淨後與椰奶一起以小火慢煮至熟，加入砂糖拌勻完成米布丁。
3. 接著製作麵團。在熱水 50ml 中放入蝶豆花，至水色變藍，撈出蝶豆花，取藍色熱水使用。
4. 取一只小缽，放入糯米粉、鹽、糖，分次加入藍色熱水，一邊加入一邊揉麵團，揉至麵團溫度和手溫一樣時，加入油，揉成軟麵團。
5. 將麵團等分成每個約 15g 的小麵團，用擀麵棍擀成小圓餅。
6. 紅棗泡水之後取出籽，攤開成扁平狀備用。
7. 平底鍋預熱後轉小火，放入圓餅慢煎至略膨脹，放紅棗或香菜，翻面煎至熟，取出備用。
8. 米布丁裝入有深度的盤中，再鋪上西谷米，最後放上花煎餅即可。

Tips
1. 蝶豆花 (Butterfly Pea) 是一種藍色小花，又名蝴蝶花豆，經常被拿來當作食品的天然染劑。
2. 有著糯米彈性的韓式傳統花餅，與柔軟滑潤的西谷米組合在一起，能增加味覺上的層次感。

香味四溢的泰式滋味

泰式沙拉捲

麵糊

水 100ml、低筋麵粉 200g
奶油 15g、無糖優格 200g
砂糖 5g、鹽 5g、蛋 3 個

材料

內餡：蝦米 2 大匙、熟花生 2 大匙、青檸葉 2 大匙
　　　紅乾蔥 2 大匙、香茅 2 大匙、香菜 2 大匙
　　　小魚乾 2 大匙、沙拉油少許、檸檬 1/2 個
酸辣醬：魚露 2 大匙、白醋 2 大匙、檸檬汁 2 大匙
　　　　青糯米椒 2 大匙 (約 1 大根)

作法

1. 先製作麵糊。水加溫；奶油加熱融化；麵粉過篩後放入一大缽中與糖和鹽混合。
2. 慢慢將水加入缽中，邊加邊攪拌，依序加入蛋、優格、奶油，拌至沒有結粒即完成麵糊。
3. 平底鍋預熱，舀入適量麵糊，使麵糊均勻散布，至薄餅邊緣焦黃，翻面，煎至雙面皆熟，取出備用。
4. 平底鍋預熱，熱油，放入蝦米、花生炒熟；青檸葉、紅乾蔥和香茅切絲；檸檬切成小三角；香菜摘葉使用；青糯米椒切小圓片。
5. 魚露、白醋在平底鍋中煮滾，離火時加入糯米椒和檸檬汁拌勻，完成酸辣醬汁。
6. 在薄餅上鋪上所有餡料，如包春捲一樣捲起來。
7. 將芭蕉葉洗乾淨之後，裁剪成適合盤子的大小，鋪入盤中；2 份春捲斜靠在盤內；剩餘內餡鋪於四周薄餅四周，淋上酸辣醬汁即可享用。

Tips ....

這道薄餅的靈感來自，以泰國檳榔葉包捲成的泰國小吃 —— 蜜延堪 (Miang Kham)。那種假裝吃檳榔的感覺，讓我對這道點心印象深刻，所以我把檳榔葉替換成薄餅，但保留住內餡那種辛香料的刺激與豐富口感，讓泰式捲薄餅也有台式潤餅捲的 Fu。

感受熱情的南洋風情

印度辣味漢堡佐芒果優格奶昔

 麵 糊

米粉 200g、優格 100g
香菜碎 1 株、薑黃粉 3g
大蒜碎 2 瓣、辣椒 2 根、
番茄 2 個（切碎）
鹽 2g

 材 料

漢堡肉：豬絞肉 600g、日本圓茄 5 個、紅乾蔥片 2 大匙
　　　　香菜碎 3 大匙、洋蔥 1/2 個（切碎）、牛奶 30ml
　　　　麵包粉 2 大匙、蛋 1 個、奶油、橄欖油適量
醬汁：中筋麵粉 30g、番茄糊 1 大匙、百里香 1 小匙、鹽、
　　　胡椒適量、奶油 30g、牛奶 300ml
芒果優格奶昔：芒果 2 個、牛奶 250ml、砂糖 20g、優格 200g

作 法

1. 先製作麵糊。將麵糊材料全放入食物調理機中混合均勻，即完成麵糊。
2. 平底鍋預熱，倒入少許橄欖油，舀入少量麵糊，單面煎熟後，翻面煎至雙面皆呈金黃色
   即可盛出，續煎數片，放涼備用。
3. 日本圓茄洗淨，對切放入烤盤，撒上橄欖油與百里香，放入以 180 度預熱的烤箱，烤至
   茄子鬆軟取出備用。
4. 將豬絞肉放入大缽中，依序加入碎洋蔥、紅乾蔥片、麵包粉、蛋、香菜碎、牛奶，再以
   湯匙挖出茄泥，全部材料混合，攪拌成肉團。
5. 將肉團等分成多個緊實肉球；以手掌將每個肉球壓成小圓餅後，放入冰箱冷藏至定型。
6. 平底鍋放入少許橄欖油和奶油，將作法 5 的肉餅放入，煎至表面上色，雙面皆熟，即可
   盛出放在吸油紙上備用。
7. 接著製作醬汁。平底鍋預熱，放入奶油待其完全融化，加入麵粉混炒，炒勻後倒入牛奶
   煮滾，加番茄糊、百里香煮至醬汁濃稠，撒上鹽與胡椒調味即成。
8. 開始調製優格奶昔（Lassi）。芒果去皮切丁，與牛奶、優格和砂糖，放入果汁機打勻即成。
9. 兩片煎餅中間塗抹作法 7 的番茄醬，夾住漢堡肉，做成三明治，重複堆疊三次，再蓋上
   最上層煎餅，即可搭配芒果優格奶昔（Lassi）一起享用。

Tips

可依水果酸甜度，增
減 Lassi 的砂糖比例，
也可增減牛奶與優格
的份量，調整成自己
喜歡的濃稠度。

清爽最開胃

墨西哥生菜春捲

 材料

越南春捲皮 1 包、青蔥 3 根、無骨牛肉 200g、大蒜 4 瓣（切碎）、香菜 1 小把（切碎）
奧勒岡碎 1 小匙、茴香粉 1 小匙、黑胡椒粒 1/2 大匙、橄欖油、紅醋、檸檬汁各 3 大匙
砂糖 2 大匙、生菜 1/2 個、紅椒、青椒、洋蔥各 1 個、橄欖油、鹽、胡椒各少許

莎莎醬材料： 洋蔥丁 2 大匙、番茄丁 2 大匙、橄欖油 1 大匙、香菜碎 1 大匙、鹽少許
　　　　　　　檸檬汁 2 大匙、辣椒碎 1 大匙

作法

1. 青蔥放在熱水中煮十秒，至青蔥變柔軟馬上撈起備用。
2. 將牛肉切成條和大蒜碎、香菜碎、奧勒岡碎、茴香粉、黑胡椒粒、橄欖油、紅醋、檸檬汁、砂糖混合，放入碗中密封冷藏，醃製 4 小時。
3. 將紅椒、青椒、洋蔥切成長條狀；平底鍋中放入少許油，鍋熱後，放入蔬菜條翻炒片刻，加入鹽與胡椒調味，盛出備用。
4. 平底鍋中放入少許油，鍋熱後，放入醃好的牛肉，炒熟盛出；將莎莎醬材料均勻混合完莎莎醬，倒入小碟中備用。
5. 取 2 張春捲皮入水中浸泡 5 秒，取出後鋪平，放上作法 3 的炒蔬菜及作法 4 的牛肉條。
6. 將春捲皮向中心線內摺，往內捲好內餡，最後在春捲中間綁上青蔥固定，放在鋪好生菜的盤子上，佐莎莎醬即可享用。

薄餅二三事

- 在墨西哥餐廳很容易找到捲餅，捲餅往往會與肉、蔬菜及沾醬搭配食用。像是法西塔使捲餅 (Fajitas)，即是將醃過的肉和蔬菜一起炙烤，佐醬料一起吃。而越南也有一種吃法相似的法國麵包三明治，裡頭夾著越式肉片和醃製的紅、白蘿蔔。我融合這兩種薄餅的概念，將墨西哥捲餅皮換成越式春捲皮，雖然有點冒險，但這種創新作法讓捲餅更加美味了！
- 墨西哥薄餅皮 (Tortillas) 可以冷藏保存，只要在使用前放入微波爐預熱，蓋上保溫布，準備好內餡材料，就可以開始使用。

Tea time

每一口都是驚喜

湯匙鮭魚香料薄餅

玉米粉 50g、低筋麵粉 50g、牛奶 250ml
蛋 2 個、砂糖 10g、萊姆酒 5ml

煙燻鮭魚 200g、巴西里 1 小把
黑胡椒適量、香菜葉少許
奶油起士 1 盒 (Boursin)

【作法】

1. 先製作麵糊。粉類材料分別過篩後放入大缽中，依序加入砂糖、蛋、牛奶及萊姆酒，混合至沒有結粒即完成麵糊。
2. 平底鍋預熱，舀入適量麵糊，搖動鍋子讓麵糊均勻散開，煎至薄餅雙面皆熟，即可盛出，放涼備用。
3. 鮭魚、奶油起士與巴西里葉切碎後混合均勻，加入黑胡椒調味。
4. 薄餅鋪平，塗抹上作法 3 的混合物，再鋪上另一片薄餅，放入冰箱冷藏至少 15 分鐘。
5. 取出薄餅後，將薄餅裁切成多個一口大小的正方形，堆疊多層後，放入湯匙內，加上香菜葉裝飾即可完成。

Tips
法國的奶油起士 (Boursin)
嘗起來有大蒜的味道。

Tea time

融化在口中的軟綿滋味

法式玫瑰蛋糕薄餅

麵 糊

牛奶 250ml、奶油 30g、低筋麵粉 250g
砂糖 5g、鹽 5g、啤酒 250ml、蛋 3 個

材 料

蛋白 6 個、蛋黃 5 個、砂糖 100g
奶油 10g、玫瑰花水 15ml、鹽少許
櫻桃果泥、桑葚果醬適量

作 法

1. 先製作麵糊。牛奶加溫；奶油加熱融化；麵粉過篩後放入一大缽中與糖和鹽混合。

2. 慢慢將啤酒加入缽中，邊加邊攪拌，再加入蛋和奶油，拌至沒有結粒即完成麵糊。

3. 平底鍋預熱，舀入適量麵糊，使麵糊均勻散布，至薄餅邊緣焦黃，翻面，煎至雙面皆熟，取出備用。

4. 將蛋黃、玫瑰花水與砂糖混合均勻，備用。

5. 蛋白放入一只沙拉碗，加入少許鹽，持攪拌器打至硬性發泡。

6. 先倒少許作法 5 的蛋白與作法 4 混合均勻，再倒入全部的作法 5 蛋白輕輕拌勻，最後將麵糊倒入內部已塗抹上奶油的 8 吋蛋糕模內。

7. 將蛋糕模放在爐火上預熱，待底部稍微煎熟，放入已預熱 200℃的烤箱，烤約 5～6 分鐘。冷卻後將蛋糕脫模。

8. 將薄餅鋪在盤子底部，放上玫瑰蛋糕，塗抹上櫻桃果泥與桑葚果醬，對折之後，切成 3 份即完成。

Tips

1. 蛋白打至硬性發泡時，會變得非常細緻，且用打蛋器沾少許，會呈現鷹嘴勾狀。(可見圖 5)

2. 也可以加入檸檬皮碎或柳橙皮碎，添加些水果香氣食用。

3. 櫻桃果泥可參考 P.20 製作。

Tea time

齒頰留香的酸甜美味
百香薄荷湯鬆餅

麵 糊

低筋麵粉 60g、全麥麵粉 30g、砂糖 5g
泡打粉 2.5g、牛奶 100ml、水 100ml

材 料

百香果 8 個、紅糖 80g
萊姆酒 20ml、薄荷葉 1 小把

作 法

1. 百香果剖開，將果肉挖進鍋中，與紅糖一起煮滾後，關火，馬上加入萊姆酒，拌勻備用。
2. 接著製作麵糊。粉類材料先過篩放入一大鉢中，再加入砂糖、水、牛奶拌勻至沒有結粒即完成麵糊製作。
3. 平底鍋預熱後，加入少許沙拉油，舀約 3 匙麵糊放入鍋中，以小火慢煎。
4. 當表面麵糊差不多凝固時，將薄餅對折，並將上端黏起來，變成如金魚尾巴狀。
5. 煎好 3 片，擺入盤中，淋上滿滿的百香醬汁，放上薄荷葉裝飾即完成。

鬆餅二三事

· 這個鬆餅的作法很接近阿拉伯鬆餅 Ataif，Ataif 通常會用奶油內餡，很像台灣麵包店常見的奶油夾心小圓餅。
· 這道鬆餅特別採用全麥麵糊，當醬汁淋下的時候，鬆餅能吸收醬汁而不至於泡軟失去嚼勁。

來一場神祕約會吧

黑森林薄餅

 麵 糊

低筋麵粉 150g、可可粉 50g、牛奶 250ml
蛋 3 個、蘇打水 25ml、沙拉油 15ml

 材 料

櫻桃果泥 250g、砂糖 50g、鮮奶油 130ml
70％黑巧克力 100g、打發鮮奶油少許
杏仁片少許、新鮮櫻桃少許、糖粉少許

作 法

1. 先製作麵糊。將粉類材料分別過篩後全部放入一只大缽中，再依序加入蛋、牛奶、蘇打水、沙拉油拌合至沒有結粒，即完成麵糊的製作。
2. 平底鍋預熱，舀入適量麵糊，迅速使麵糊均勻散布至與鍋子同樣大小，煎至表面出現泡泡氣孔，麵糊凝固即可盛出，放涼備用。
3. 櫻桃果泥與糖放進鍋中煮至滾，加入鮮奶油 130ml，再煮滾。
4. 巧克力先放入大缽中，再沖入櫻桃鮮奶油，持打蛋器以順時鐘將兩者拌勻，拌至巧克力融化即可。
5. 盤子上刷上作法 4 的巧克力醬做裝飾；薄餅折成 3 折，放入盤中。
6. 撒上糖粉、杏仁片，擠少許鮮奶油在薄餅上，放上櫻桃裝飾，佐櫻桃巧克力醬食用即可。

Tips
櫻桃果泥可以買現成的使用，或參考 P.20 製作。

Tea time

冰冰涼涼好消暑
巧克力起士聖代

 麵糊

低筋麵粉 150g、可可粉 50g、牛奶 250ml
蛋 3 個、蘇打水 25ml、沙拉油 15ml

 材料

奶油起士 120g、糖粉 20g、冰淇淋 1 球
胡桃 40g、草莓巧克力 30g、薄荷葉少許
松子少許 (烤過)

作法

1. 先製作麵糊。將粉類材料分別過篩後全部放入一只大缽中，再依序加入蛋、牛奶、蘇打水、沙拉油拌合至沒有結粒，即完成麵糊的製作。
2. 平底鍋預熱，舀入適量麵糊，迅速使麵糊均勻散布至與鍋子同樣大小，煎至表面出現泡泡氣孔，麵糊凝固即可盛出，放涼備用。
3. 胡桃放入以 170 度預熱的烤箱中烤香，取出後切碎備用；草莓巧克力隔水加熱至融化。
4. 奶油起士退冰至常溫後，與糖粉、草莓巧克力拌勻，再加入胡桃粒混合均勻，完成草莓奶油起士。
5. 將薄餅放入聖代杯中，持冰淇淋挖球器，挖 3 球草莓奶油起士球放入杯中，再挖 2 球冰淇淋放在最上面，最後撒上松子，裝飾上薄荷葉即完成聖代。

Tips
巧克力之所以需要隔水加熱，是因為直接加熱會非常容易燒焦。

黑磚鬆餅球杯

 麵 糊

高筋麵粉 200g、全麥麵粉 100g、蛋 1 個
奶油 30g、乾酵母 7g、鹽 5g、牛奶 350ml

 材 料

草莓果泥 100g、檸檬汁 20ml
砂糖 10g、黑磚、草莓適量

作 法

1. 先製作麵糊。奶油加熱融化；麵粉類過篩之後放入一大缽中，加入乾酵母和蛋，混合之後，再加鹽與牛奶，最後加入奶油拌勻即完成麵糊。

2. 讓麵糊發酵約 30 分鐘之後，放入擠花袋中。

3. 將麵糊均勻擠入模型中，蓋上機器，放入以 180 度預熱的烤箱中，烘烤約 30 鐘至顏色呈金黃色取出。

4. 將草莓果泥、檸檬汁、砂糖放入小鍋中，小火慢煮約 5 分鐘，當果泥濃稠時即可關火，放涼備用。

5. 杯中放入鬆餅球，倒入作法 4 的草莓果泥，再次放入鬆餅球，並依序放入黑磚、草莓裝飾即可。

Tips

1. 若麵粉吸水量高，可以多加 50ml 牛奶稀釋麵糊。

2. 若家裡沒有製作鬆餅球的模型，可以將平底鍋預熱後，擠入少量麵糊，將底層的麵糊煎至凝固之後，翻面，至雙面煎熟即可。

3. 黑磚即是巧克力脆餅，可至超市買現成的商品，或是參考 P. 21 製作。

4. 這個配方吃起來很有彈性，且因鬆餅本身沒有甜味，所以非常適合和甜配料一起吃。

層層堆疊的美味
滾筒奶油薄餅

 麵糊

A 巧克力：低筋麵粉 75g、可可粉 25g、牛奶 125ml
　　　　蛋 75g、蘇打水 12ml、沙拉油 7ml
B 抹茶：低筋麵粉 125g、抹茶牛奶 375ml、砂糖 50g
　　　　蛋 3 個、抹茶粉 2g、融化奶油 80g
C 原味：低筋麵粉 80g、奶粉 15g、小蘇打粉 2g
　　　　味醂 15g、融化奶油 20g、蜂蜜 15g、蛋 3 個

 材料

鮮奶油 100ml、砂糖 5g
黑磚少許、可可粉適量
新鮮草莓與薄荷葉少許

 作法

1. 將 A、B、C 麵糊材料分別放入三大缽中依序混合均勻，各別完成 3 種麵糊。(可參考 P.18)
2. 預熱平底鍋，分別煎好原味、抹茶、巧克力 3 種口味的薄餅，盛出放涼備用；將鮮奶油加入砂糖，一起打發備用。
3. 使用圓模型分別在 3 種薄餅上蓋出多個直徑約 5 公分的圓，巧克力蓋 6 片，抹茶與原味各蓋出 3 片。
4. 將模型放在盤子中間，於模型中放入一片巧克力薄餅，在圓周擠入鮮奶油，在奶油中間撒上黑磚脆片，並蓋上第二片巧克力薄餅。
5. 重複擠上奶油、撒黑磚脆片、蓋上薄餅的動作，直至薄餅填滿模型。
6. 薄餅塔放入冰箱內冷藏至少 1 小時，食用前取出、脫模，撒上可可粉，再放上草莓與薄荷葉裝飾即可。

Tips
1. 黑磚可以參考 P.21 製作。
2. 可依照個人喜好堆疊各種不同口味的薄餅。
3. 利用 3 種薄餅做成的千層蛋糕很有特色，每吃一口都有新的驚奇。

甜蜜可可圓舞曲
巧克力起士披薩

麵糊

低筋麵粉 150g、可可粉 50g、牛奶 250ml
蛋 3 個、蘇打水 25ml、沙拉油 15ml

材料

奶油起士 300g、起士粉 100g、核桃 50g
水果乾 50g、奇異果醬、黑磚少許
草莓、水蜜桃、櫻桃各少許、巴西里葉少許

作法

1. 先製作麵糊。將粉類材料分別過篩後全部放入一只大缽中，再依序加入蛋、牛奶、蘇打水、沙拉油拌合至沒有結粒，即完成麵糊的製作。

2. 平底鍋預熱，舀入適量麵糊，迅速使麵糊均勻散布至與鍋子同樣大小，煎至薄餅邊緣焦黃，翻面，薄餅雙面皆熟，即可放入盤中，放涼備用。

3. 奶油起士放室溫退冰，待起士軟化後與起士粉混合成起士團，加入核桃與水果乾混合。

4. 桌面上鋪上一層保鮮膜，放上約 15g 的作法 3 起士，再將保鮮膜往上包，把起士揉成球。

5. 重複作法 3、4，製作出 7 個起士球，放入冰箱冷藏至定型。

6. 草莓切 1/4 大小；水蜜桃切小丁；在薄餅上塗抹奇異果果醬，撒上黑磚脆片，擺上起士球，鋪上水果與巴西里葉，即完成。

Tips

1. 水果乾可以挑選自己喜歡的口味，自行變化使用。本食譜使用的是葡萄乾、無花果乾、鳳梨乾與杏桃乾。

2. 核桃也可以替換成南瓜子、開心果等堅果類。

3. 奇異果果醬可以參考 P.23 製作。

4. 黑磚可至超市購買，或參考 p.21 製作。

PART6
BEFORE
DINNER

餐前開胃
(5:00pm)

晚餐前吃點開胃小點心吧！
提早吃甜點，
可以讓熱量提早開始消耗，
享受美食輕鬆又愉快！

一吃上癮的綿密口感

石榴薄餅蛋糕

麵糊

麵粉 150g、蛋 100g、砂糖 15g
奶油 15g、鹽 5g、牛奶 225ml
石榴糖漿 20ml

材料

鮮奶油 100g、砂糖 80g、焦糖醬 40g
柳橙醬汁 10ml、開心果碎適量

作法

1. 先製作麵糊。奶油放入微波爐內融化；麵粉過篩後，放入大缽內，一邊攪拌一邊依序加入砂糖、鹽、蛋、石榴糖漿，牛奶和融化奶油。
2. 攪拌至麵糊滑順無結粒狀態，讓麵糊靜置至少 2 小時再使用。
3. 平底鍋預熱後，舀入少許麵糊，迅速搖動平底鍋讓麵糊均勻散開，煎至薄餅邊緣焦黃翻面，待薄餅雙面皆熟，即可放入盤中。續煎 1 片薄餅放涼備用。
4. 鮮奶油加砂糖打發，再加焦糖醬攪拌均勻備用。
5. 將第一片薄餅持小刀，劃出和慕斯圈大小一樣的小圓片備用。
6. 盤子內擺上慕斯圈，再放上保鮮膜襯底。
7. 放上第二片薄餅，填滿作法 4 的奶油後，蓋上作法 5 的圓形薄餅。
8. 把第二片薄餅四周拉起，向內完全包覆奶油後，放入冰箱冷藏至少 4 小時。
9. 脫去慕斯圈，取下保鮮膜，擺在盤中，擠上柳橙醬汁，撒上開心果碎做裝飾，即完成。

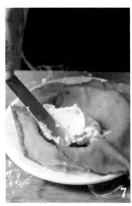

Tips

1. 焦糖醬可至超市買現成的，或是參考 P.20 製作。
2. 柳橙醬汁也可以替換成蜂蜜。

Before dinner

好看又好吃

炙燒時蔬佐蔬菜醬

 麵 糊

低筋麵粉 125g、砂糖 40g、鹽 1g、蛋黃 1 個
蛋白 2 個、奶油 15g、牛奶 300ml

 材 料

黃瓜 1 根、優格 300ml、薄荷葉 5g
胡椒粉 5g、小茴香粉 1g、大蒜 2 瓣
黃椒、紅椒、洋蔥 1/2 個、鹽 5g
番茄醬適量

 作 法

1. 黃瓜切片後再切成條狀；薄荷葉切碎。
2. 把黃瓜條、薄荷葉碎片、優格、鹽、胡椒粉、小茴香粉均勻打成泥，即完成黃瓜醬汁。
3. 紅椒與黃椒去除內部的籽與肉壁上的白色部分，切成條備用；洋蔥、大蒜去皮切條。
4. 平底鍋預熱，將作法 3 的蔬菜全部炒熟，盛起備用。
5. 接著製作麵糊。蛋白打發；奶油放入微波爐融化；低筋麵粉過篩放入大缽中，加入糖、鹽、蛋黃、融化奶油、牛奶攪拌均勻。
6. 在作法 5 中加入打發蛋白，輕輕拌勻完成麵糊。
7. 可麗餅機預熱好，舀入適量麵糊，用 T 字棒刷勻，趁熱在薄餅上放入作法 4 的蔬菜。
8. 將餅往內摺成三角形，放入盤子中佐番茄醬或黃瓜醬即可。

Tips

1. 可隨季節或個人喜好更換蔬菜種類。
2. 可至超市買現成的番茄醬汁使用，或參考 P.23 製作。

擋不住的濃郁香氣

奶油香菇雞肉厚煎餅

麵糊

低筋麵粉 120g、巴西里碎 1 大匙
蛋白 60g、蛋黃 60g、牛奶 100ml
泡打粉 6g、融化奶油 60g、鹽 3g
蜂蜜 10ml、砂糖 60g

材料

莫爾奈醬：鮮奶油 125ml、牛奶 125ml
　　　　　麵粉 5g、奶油 5g、蛋黃 10g
　　　　　鹽少許、起士絲 30g、胡椒、豆蔻粉
　　　　　少許
奶油雞肉：洋蔥 1 個、紅乾蔥 1 個、香菇 100g
　　　　　雞胸肉 1 副、奶油、白酒、鹽、胡椒、
　　　　　巴西里碎各適量

作法

1. 先製作莫爾奈醬 (Mornay sauce)。麵粉和奶油先炒成麵糊團備用。
2. 鮮奶油和牛奶放入鍋中，加熱，一邊攪拌一邊加入蛋黃、作法 1 的麵糊團、豆蔻粉、鹽、胡椒和起士絲，煮至醬汁濃稠，盛出備用。
3. 開始製作奶油雞肉。洋蔥、紅乾蔥切碎；香菇切片；雞肉切成大丁。
4. 平底鍋加奶油，待奶油融化後加紅乾蔥碎炒至香，加洋蔥、香菇和白酒，炒至湯汁收乾。
5. 加入雞肉略翻炒，再加入莫爾奈醬 50g，最後以胡椒和鹽做調味，盛出備用。
6. 接著製作麵糊。蛋白先打發備用；麵粉、泡打粉過篩後放入一大缽中，加入其它麵糊材料及打發蛋白，輕輕拌勻至沒有結粒即完成。
7. 平底鍋預熱，舀入適量麵糊，至表面出現孔洞時，放奶油雞肉，撒巴西里碎，即成。

Tips

1. 製作莫爾奈醬時，以麵粉和奶油炒成的麵糊團又被稱為 ROUX 麵糊。是烹調法國菜時，常使用的一種增稠劑。(麵粉和奶油比例為 1：1)
2. 將莫爾奈醬使用在醬汁或湯品中，可增加濃度並讓食物看起來更閃亮。
3. 白醬 (Sauce béchamel) ＋起士 (Fromage) ＝莫爾奈醬 (Mornay sauce)

輕鬆隨性的開胃點心

法式白醬火腿水波蛋煎餅

 麵 糊

中筋麵粉 170g、泡打粉 15g
乾酵母 10g、牛奶 450ml
蛋 150g、砂糖 55g、鹽 5g

 材 料

香菇 100g、葵花油 1 大匙、艾登起士粉 50g
火腿 5 片、巴西里碎少許、巴西里 1 小株
蛋 4 個、白醋 40ml、水 200ml、法式白醬適量

作 法

1. 先製作麵糊。麵粉和泡打粉分別過篩，放入一大缽中混合均勻，再加入乾酵母、砂糖、鹽拌勻，最後放入蛋、牛奶攪拌至沒有結粒即完成麵糊。

2. 平底鍋預熱，舀入適量麵糊，迅速搖動鍋子使麵糊均勻散布，至餅邊緣呈焦黃色翻面，單面煎熟，即可盛出備用。

3. 開始製作內餡。香菇切碎；火腿切丁；平底鍋預熱，倒入葵花油，將香菇炒香，放入火腿、白醬，至醬汁呈現濃稠狀，加入起士粉拌勻，即可盛出備用。

4. 醋和水放入一小鍋中，煮至約 90 度時打入 1 個蛋，用筷子以順時鐘旋轉，劃出水波紋路，使蛋也朝同方向旋轉。

5. 以小火續煮 3 ～ 4 分，至蛋白凝固，蛋黃呈半熟即完成水波蛋，撈出備用。

6. 作法 2 完成的薄餅鋪入盤中，放上作法 3 的內餡及作法 5 的水波蛋，最後撒上巴西里碎，插上一小株巴西里做裝飾即完成。

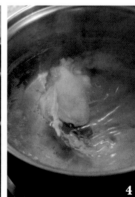

Tips

1. 法式白醬可參考 P.21 製作。

2. 若想吃厚一點的口感，可以使用較小的平底鍋，倒入較多麵糊，以小火慢煎。但須注意火候大小，以免餅皮燒焦，內部不熟。

甜味與鹹味的美味雙重奏

抹茶起士蛋糕薄餅

 麵糊

低筋麵粉 250g、砂糖 100g、蛋 6 個
抹茶牛奶 750ml、奶油 160g

 材料

新鮮無花果 6 顆、蜂蜜 30ml
蜂蜜蛋糕 1 小塊、高達起士適量
水 20ml、檸檬汁 10ml

作法

1. 先製作麵糊。將奶油放入微波爐內融化；麵粉過篩後，放入大沙拉碗內，一邊攪拌一邊加入砂糖、蛋與抹茶牛奶。

2. 加奶油拌勻至沒結粒，靜置 2 小時完成麵糊。

3. 平底預熱後，舀入麵糊，迅速搖動平底鍋讓麵糊均勻散開，煎至薄餅雙面皆熟，即可盛出，放涼備用。

4. 無花果、蜂蜜、水和檸檬汁放入小鍋中，以小火煮滾至無花果呈泥狀。

5. 切一塊 1 公分厚的蜂蜜蛋糕；切一塊厚度約 3 公分、 約 5 公分的高達起士。

6. 將薄餅折成寬約 5 公分的長條形，在餅皮上放蛋糕及起士後，捲成一個長方形小盒子。

7. 自對角將薄餅捲切成 2 個三角形，再插上牙籤固定，食用時佐無花果果泥即可。

Tips
1. 若沒有新鮮無花果，可以使用無花果乾替代。
2. 若使用的是無花果乾，記得在使用前先用開水浸泡至軟再使用。
3. 高達起士的鹹味和無花果的甜度互相平衡，使這道食譜更具吸引力。
4. 蜂蜜蛋糕與起士的口感和色澤相互搭配，可堆疊出薄餅的味覺層次。

果香四溢的隨性口味

日安！巧克力薄餅

麵糊

低筋麵粉 150g、可可粉 50g、蛋 3 個
牛奶 250ml、蘇打水 25ml、沙拉油 15ml

材料

吉利丁片 3 片、杏仁片少許、水蜜桃 1 片
芒果果肉 200g、檸檬 1/2 個 (取汁)、砂糖 10g
香草莢 1/2 根、草莓、莓果果凍適量

作法

1. 先製作麵糊。將粉類材料分別過篩後全部放入一只大缽中，再依序加入蛋、牛奶、蘇打水、沙拉油拌合至沒有結粒，即完成麵糊的製作。

2. 平底鍋預熱，舀入適量麵糊，迅速使麵糊均勻散布至與鍋子同樣大小，煎至表面出現泡泡氣孔，麵糊凝固即可盛出，放涼備用。

3. 吉利丁放冰水中泡軟，軟化後擠乾水分；芒果肉切小塊

4. 香草莢取出香草籽，和檸檬汁、砂糖、芒果丁混合放進鍋中，以小火慢煮，煮滾約 5 分鐘之後，將表面的浮泡撈除。

5. 加入剩下的吉利丁，待吉利丁融化即完成新鮮芒果醬。

6. 將巧克力薄餅切成麵條；新鮮草莓洗乾淨後，切成 1/4 大小；水蜜桃切成微笑形。

7. 碗內放入巧克力薄餅，再依序放上新鮮草莓、水蜜桃、芒果果醬與莓果果凍，最後撒上杏仁片即完成。

Tips

1. 莓果果凍可參考 P.22 製作。

2. 製作芒果醬時，也可不加吉利丁，直接將醬汁煮至汁收乾即可。

crushed raspberry tart

濃縮季節的美味
時蔬薄餅捲

麵糊

低筋麵粉 250g、泡打粉 6g、蛋 4 個
牛奶 150ml、啤酒 240ml、砂糖 150g
鹽 3g、融化奶油 15ml、萊姆酒 10ml

材料

巴薩米克醋 200ml、鹽、胡椒適量、白醋 250ml
紅蘿蔔 1/4 條、白蘿蔔 1/4 條、蜂蜜 3 大匙
大蒜 2 小瓣 (切碎)、橄欖油 20c.c.、糖 100g
九層塔 1 小把、洋蔥 1 個、覆盆子醋 50ml

作法

1. 先製作麵糊。粉類材料分別過篩後放入大缽中，依順序加入砂糖、鹽、蛋、牛奶、啤酒、萊姆酒、奶油，混合均勻直至沒有結粒，靜置 2 小時再使用。

2. 平底鍋預熱，舀入適量麵糊，讓麵糊均勻散布開來，煎至薄餅雙面皆熟，即可盛出，放涼備用。

3. 紅、白蘿蔔切細條；洋蔥切條；大蒜切片；九層塔洗淨後，摘下漂亮葉片備用。

4. 取一只鍋子，加白醋、糖、紅蘿蔔條、白蘿蔔條，煮約 5 分鐘關火，繼續醃漬蘿蔔直到糖醋汁冷卻。

5. 平底鍋中倒入橄欖油，放入大蒜和洋蔥炒至上色，加鹽和胡椒調味。

6. 另準備一個小湯鍋，倒入巴薩米克醋和覆盆子醋，以小火熬煮至原有的1/2份量後關火，加入蜂蜜攪拌均勻。

7. 薄餅對切成 2 片，分別鋪平，依序放上洋蔥、紅蘿蔔條、白蘿蔔條、九層塔，捲緊成煙管狀，開口朝下。

8. 2 個薄餅捲好之後，淋上醬汁即成。

Tips
蔬菜可隨季節更換，
但所有捲入薄餅內的
食物一定要是可生吃
或是煮好的熟食。

PART7
DESSERT

餐後甜點
(8:00pm)

除了蛋糕、水果，
薄餅絕對是最適合拿來當作
餐後甜點的選擇。
來份豐盛薄餅，
療癒疲憊的身心靈吧！

麵糊

低筋麵粉 110g、玉米粉 20g、砂糖 5g
蛋 2 個、牛奶 100ml、黑啤酒 150ml
鹽 3g、奶油 15g

材料

青蘋果 4 個、紅糖 40g、薄荷葉少許
蘋果酒 30ml(Calvados)、奶油 40g
香草冰淇淋 1 匙

作法

1. 先製作麵糊。奶油放入微波爐融化;粉類材料分別過篩後放入大缽中,再加入砂糖、鹽、蛋、牛奶、黑啤酒、融化奶油,攪拌均勻。
2. 平底鍋預熱後,舀入適量麵糊,並快速轉動鍋子讓麵糊在鍋底散開。至薄餅邊緣焦黃翻面,兩面皆煎熟後,即可盛盤。
3. 蘋果削皮、挖除籽,切成微笑形厚片。
4. 平底鍋預熱,加入紅糖後,以小火將紅糖煮成液體糖漿,再加入奶油和蘋果片。
5. 微火煮 2 ～ 3 分鐘,倒入蘋果酒,直到蘋果煮軟即可離火。
6. 將圓形的薄餅向內摺成正四方形,取一有深度的盤子,放入薄餅。
7. 在薄餅四周擺放奶油蘋果,淋上焦糖醬,最後放上 1 球冰淇淋及 1 片薄荷葉做裝飾即可享用。

Tips

奶油蘋果厚片與薄餅搭配冰淇淋一起吃,就成為讓大、小朋友都露出甜蜜微笑的點心。

燃起你的熱情
蘇珊薄餅

 麵糊

高筋麵粉 100g、泡打粉 3g、蛋 1 個 (50g)
鹽 3g、水 140ml、沙拉油 20ml

 材料

香吉士 1 個、香吉士汁 200ml、奶油 10g
康圖酒 25ml(Cointreau liqueur)
白蘭地酒 15ml(Cognac)
糖漬柳橙片 1 片、薄荷葉適量

作法

1. 先製作麵糊。將粉類材料分別過篩後放入一個大缽中，再依序加入鹽、蛋、水混合均勻。
2. 加入沙拉油攪拌均勻至麵糊沒有結粒，即完成麵糊製作。
3. 平底鍋預熱，舀入麵糊，以小火慢慢把餅底部煎熟，輕輕翻面煎熟另一面，煎 2 片放涼備用。
4. 將香吉士的果肉片下；取一只平底鍋，倒入香吉士汁，香吉士片和奶油，煮滾。
5. 放入摺成三角形的薄餅，再倒入 2 種酒。
6. 點火讓酒精燃盡，即可盛盤，最後放上薄荷葉和 1/2 片糖漬柳橙片裝飾便完成。

心情小語

蘇珊薄餅 (Crêpe suzette) 又有人翻譯成火焰薄餅，第一次吃蘇珊薄餅是在蒙馬特山腳下的一家咖啡店，這道帶表演性質的餐後甜點，是餐廳菜單的長青樹。當薄餅端上桌時，服務人員會用打火機點火，此時薄餅瞬間燃燒，眼前熊熊燃燒的大火，真的很振奮人心。

華麗炫目的迷人點心

火焰莓果薄餅

麵糊

低筋麵粉 250g、牛奶 375ml
奶油 40g、蛋 1 個、楓糖漿 200ml

材料

覆盆子果泥 100ml、覆盆子酒 50ml
白蘭地 50ml、綜合莓果 100g(藍莓、
蔓越莓、草莓、覆盆子)、薄荷葉少許

作法

1. 先製作麵糊。牛奶加溫；奶油放入微波爐裡融化；麵粉過篩後依序將蛋、楓糖、牛奶和融化奶油放入食物調理機混合均勻完成麵糊。
2. 平底鍋預熱後，舀少許麵糊在鍋中，讓麵糊均勻受熱，以小火慢煎，底面煎熟後翻面即可盛出備用。
3. 將覆盆子果泥、莓果均勻混合。
4. 平底鍋預熱，加入作法 3 的綜合莓果，再倒入覆盆子酒。
5. 煮至莓果熟軟，將薄餅放入，滾沸時倒入白蘭地酒。
6. 用瓦斯槍點燃酒精，當火焰燃起，酒精燒盡，將薄餅及裝入碗盤內，放上薄荷葉做裝飾。

心情小語

周末最棒的早午餐，就是做一份酸甜帶勁的火焰莓果薄餅一個人享用，再也不要管他現在人在哪裡？跟誰在一起？我們是不是就這樣算了？

亮麗高雅惹人愛
甜菜蛋糕捲

麵 糊

蕎麥粉 100g、糯米粉 100g、泡打粉 10g
甜菜泥 200g、豆漿 100ml、蛋 4 個

材 料

薑汁香橙片 1 片、糖漬無花果 1 個
蜂蜜蛋糕 1/4 塊、荔枝果醬適量

作 法

1. 先製作麵糊。粉類材料先過篩，放入一個大缽中，依序加入甜菜泥、蛋和豆漿後混合均勻，完成麵糊。
2. 將薄餅糊舀入平底鍋中，單面煎熟薄餅，即可起鍋備用。
3. 將蜂蜜蛋糕切成長條狀，拿薄餅包裹住後，再斜切成兩份。
4. 荔枝果醬放入小碟中；糖漬無花果對切，擺在蛋糕捲旁，最後放上薑汁香橙片做裝飾即完成。

Tips
薑汁香橙片的作
法可參考 P.23。

香堤奶油花煎餅

麵團

糯米粉 100g、溫水 50ml
砂糖 5g、鹽 2g、沙拉油 5ml

材料

鮮奶油 100ml、砂糖 5g
卡士達醬適量、紅棗、香菜葉少許

作法

1. 將所有麵團材料混合成一個麵團，放置 20 鐘。
2. 麵團等分成每個約 15g 重的丸子，壓成扁平狀的小圓餅。
3. 紅棗泡水之後，去籽瀝乾，攤成扁平狀。
4. 平底鍋預熱後轉小火，放入小圓餅，在餅上壓入紅棗及香菜，煎至餅稍微膨脹，翻面，雙面皆煎熟，即可取出備用。
5. 鮮奶油加入砂糖一起打發成香堤奶油；3 片紅棗煎餅堆疊在一起，放入盤中。
6. 卡士達醬放入平口花嘴的擠花袋中，繞著煎餅擠出一個圈圈；香堤奶油裝入玫瑰花嘴的擠花袋中，擠在卡士達醬外圍裝飾即完成。

4-1

4-2

6-1

6-2

Tips

1. 圓餅不要煎至上色，只要煎至熟即可盛出。
2. 卡士達醬可參考 P.22 製作。
3. 傳統的花煎餅是由米製成，細細品嘗即可以體會到原始的韓國風土民情。

品味法式浪漫
黃色玫瑰果凍杯

 麵 糊

低筋麵粉 150g、薑黃粉 5g、蛋 2 個、鹽 3g
水 150ml、椰漿 150ml、融化奶油 20ml

 材 料

莓果果凍適量
黑磚適量

作 法

1. 先製作麵糊。將麵粉和薑黃粉分別過篩放入一大缽中，依序加入鹽、蛋和水混合，最後加入椰漿和奶油，拌勻至沒有結塊。
2. 平底鍋預熱好後，將麵糊裝入瓶子內，再擠入平底鍋中，讓麵糊變成條狀，當麵糊凝固即可取出。
3. 平底鍋內再擠入波浪形的長形麵糊，當麵糊凝固即可取出。
4. 將作法 2 及作法 3 的兩個薄餅條重疊，捲成玫瑰花狀。
5. 準備一只杯子，先放上莓果果凍，再將黑磚脆餅弄碎放入杯中，放上玫瑰花薄餅，並再次放上莓果果凍即完成。

Tips

1. 莓果果凍可以參考 P.22 製作。
2. 黑磚即是巧克力脆餅，可使用巧克力厚片餅乾敲碎替代，或參考 P. 21 製作。

甜菜夾芒果奶油甜心

麵 糊

蕎麥粉 100g、糯米粉 100g
泡打粉 10g、甜菜泥 200g
豆漿 100ml、蛋 4 個

材 料

吉利丁片 3 片、新鮮芒果肉 200g
新鮮香草莢 1 ½ 根、檸檬 1/2 個 (取汁)
砂糖 10g、鮮奶油 200ml、糖粉少許

作 法

1. 先製作麵糊。將粉類材料分別過篩後放入一個大缽中,加入甜菜泥、蛋和豆漿後混合均勻,完成麵糊。
2. 將薄餅糊舀入鬆餅機中,待麵糊起泡蓋上,數分鐘後打開,取出薄餅放涼備用。
3. 吉利丁泡在冷開水中,軟化後擠乾水分。
4. 芒果肉切小塊;從香草莢取出香草籽,和檸檬汁、砂糖混合放進鍋中,以小火慢煮,煮滾約 5 分鐘之後,將表面的浮泡撈除。
5. 加入吉利丁,待吉利丁融化即完成新鮮果醬。
6. 鮮奶油放入攪拌機中,打發之後和與 50g 芒果醬混合均勻,放入冰箱冷藏。剩下的果醬倒入另一器皿中備用。
7. 薄餅鋪平,在一半薄餅上鋪芒果鮮奶油後再對折,放入盤中撒上少許糖粉,擺上香草莢裝飾,佐芒果果醬即可享用。

Tips

貴氣的甜菜薄餅看起來好像厚厚的煎餅燒,搭配上酸甜芒果和柔軟鮮奶油,吃起來宛如蛋糕般綿密柔軟,令人陶醉。

微酸的甜蜜滋味
藍色情人薄餅

 麵 糊

低筋麵粉 250g、泡打粉 6g、鹽 3g
砂糖 150g、蛋 4 個、啤酒 240ml
萊姆酒 10ml、融化奶油 15ml
牛奶 150ml

 材 料

香草冰淇淋 1 大匙、藍莓果醬 1 小匙
藍黴起士少許 (切小塊)、莓果果凍適量
新鮮莓果、薄荷葉、柳橙皮碎少許

作 法

1. 先製作麵糊。粉類材料分別過篩後放入大缽中，依順序加入砂糖、鹽、蛋、酒、牛奶、奶油，混合均勻直至沒有結粒，靜置 2 小時再使用。
2. 平底鍋預熱，舀入適量麵糊，搖動鍋子讓麵糊均勻散開，煎至薄餅雙面皆熟，即可盛出，放涼備用。
3. 薄餅左右兩邊，對齊中心點向內折，再反折成長條狀，接著將上、下兩邊向下折，讓餅呈長方形。
4. 薄餅放入盤中，一側擺上莓果果凍，平均在薄餅周圍撒下莓果，再撒下藍黴起士與柳橙皮碎。
5. 用湯匙挖一匙香草冰淇淋放在薄餅上，淋上藍莓果醬，放上薄荷葉裝飾即成。

Tips --
莓果果凍可參考 P.22 製作。

心情小語

酸酸甜甜的憂鬱心情，就像一起品嘗所有甜酸苦澀滋味的情人。

About
Crêpe & Pancake

小小的薄餅，因為各國文化的不同，有許多不同的樣貌，
同時也有許多有趣的小故事，以下分享一些資訊給大家參考。

▫ 薄餅的誕生

鬆餅源起於八世紀，當時的鬆餅是比較薄的，直到十五世紀，法國人將鬆餅做得更薄、
更柔軟，薄餅的完美造型就此誕生！

法式薄餅 (Crêpes) 起源於法國布列塔尼。甜的薄餅 (Crêpe) 主要以小麥粉製作，鹹的薄
餅 (Galette de sarrasin) 主要以蕎麥粉製作。據說，布列塔尼在早期非常缺乏小麥粉，
所以普遍吃不到包著內餡的麵包，因此當時的農家就在薄餅中包入起司、火腿、蔬菜、
雞蛋等食材做成午餐，搭配酒精濃度很低的蘋果酒食用。

而著名的蘇珊薄餅 (Crêpe Suzette)，據說源自
於一段浪漫的故事。1895 年的某天，維多利
亞女王的長子愛德華七世，與一位法國美女
Suzette 在巴黎的 Monte Carlo's Café 用餐，餐
後甜點是服務生現場煎製的法式薄餅。但侍
者卻不小心將桌邊的柑橘酒打翻，流入鍋中
的柑橘酒，隨即燃起熊熊大火。聰明的王子
見狀便順口說，這是為你特製的薄餅，就叫
它蘇珊薄餅吧。服務生美麗的錯誤，成就了
這道經典的火焰薄餅！

□ 歐洲的鬆餅日

法國的 Crêpe 即是扁平蛋糕的意思。法國人在吃完耶誕節的樹幹蛋糕後，緊接著就要慶祝二月份的聖蠟節（Chandeleur）。在這個節日裡，家家戶戶都會煎可麗餅享用。據說，在煎餅時，手上握著一枚硬幣，這一年就會財運亨通！

除了法國的聖蠟節外，歐洲很多國家也都有鬆餅日，像愛爾蘭在鬆餅日當天，會請未婚女孩煎鬆餅，如果可以在煎鬆餅的時候翻面成功，就表示今年有希望出嫁；而英國每年的鬆餅日則和基督教有很大的關聯，他們的鬆餅日沒有固定的日期，而是定在每年四旬期來臨前的星期二，因為過了這天，大家就要開始吃齋，來紀念耶穌在荒野禁食 40 天，所以為了避免牛奶、奶油等食材腐壞，大家會在這天先把這些食材做成鬆餅，把食材用完，久而久之就變成約定俗成的英國傳統了。

英國的鬆餅日除了做鬆餅外，還有一項十分有趣的活動，那就是鬆餅賽跑（Pancake Race）。這項特殊的賽跑，有個有趣的小故事。故事發生在 1445 年的鬆餅日，當天眾人都帶著自己做的鬆餅準備到教堂分享給大家，但有位婦女，在家煎鬆餅時，發現就要遲到了，於是不管三七二十一，拿著煎餅鍋就趕到教堂。而婦女有趣的行為，就演變成了現今的鬆餅賽跑活動。在鬆餅賽跑中，參賽者必須像故事中的婦女一樣，拿著煎鍋快跑，而且邊跑還要邊拋接鬆餅，跑得最快的隊伍或參賽者就是獲勝者。這個有趣的活動，讓大人、小孩都玩得非常盡興。

（註：四旬期又稱為大齋期，是基督教及天主教的傳統節日，共有四十天。信徒在四旬期間不能吃肉、喝酒、娛樂，以記念耶穌並準備即來臨的復活節）

索引

起士

品味生活 | 系列

小家幸福滋味出爐！
用鬆餅粉做早午晚餐X下午茶X派對點心
高秀華 著／楊志雄 攝影／定價300元

早午晚餐X下午茶X派對點心，42道鬆餅料理完美呈現。你知道鬆餅粉可以做出壽司嗎？不只教你做出司康、布朗尼、夾心餅乾……等美味甜點，玉子燒、墨式塔克餅、披薩……多種意想不到的鹹食料理也通通收錄在書中！

自己做最安心！麵包機的幸福食光：
麵包糕點X果醬優格 健康美味零失敗
呂漢智 著／楊志雄 攝影／定價290元

廚房新手必備利器，不藏私大公開！Step by Step，告訴你CP值最高的麵包機實用教學。備好料，按下按鍵，麵包、糕點、優格、果醬，最天然健康的美味一機搞定！

巴黎日常料理：
法國媽媽的美味私房菜48道
真理子 著／程馨頤 譯／定價300元

和你分享法國媽媽的家常菜、假日派對的小點，以及最天然的季節果醬祕方、釀鮮蔬撇步。油炸鷹嘴豆袋餅、櫻桃克拉芙緹、甜蜜草莓醬……48道巴黎家常菜，輕鬆上手，簡單易做，從餐前菜到甜點，享受專屬於法式的慢食美味。

吐司與三明治的美味關係
于美芮 著／定價340元

這是一本吃吐司的書，也是一本玩吐司的書。作者將與日常生活息息相關的吐司，以一種基本麵包面貌，做不同的運用，不但能焗烤、佐湯還能做甜點……，還有哪種麵包能像吐司這樣好操作？

健康氣炸鍋的美味廚房：
甜點X輕食 一次滿足
陳秉文 著／楊志雄 攝影／定價250元

健康氣炸鍋，用過的人都說讚！鹹食、甜點製作通通網羅其中，減油80％的一鍋多用烹調法再進化，讓你愛上烹飪愛Cooking！

健康氣炸鍋教你做出五星級各國料理：
開胃菜、主餐、甜點60道一次滿足
陳秉文 著／楊志雄 攝影／定價300元

煮父母＆單身新貴的料理救星！60道學到賺到的五星級氣炸鍋料理食譜，減油80％，效率UP！健康氣炸鍋的神奇料理術，美味零負擔的各國星級料理輕鬆上桌。

首爾咖啡館的100道人氣早午餐：
鬆餅X濃湯X甜點X三明治X飲品
李智惠 著／李承珍 譯／定價350元

超過800萬人次關注！韓國超人氣部落客食譜不藏私大公開！草莓可麗餅、格子鬆餅、馬卡龍、煙燻鮭魚貝果堡、蔬菜歐姆蛋三明治……，蒐集首爾咖啡館最受歡迎100道早午餐點，輕鬆、易學、好上手，讓你在家也能享有置身咖啡館的幸福。

首爾糕點主廚的人氣餅乾：美味星級
餅乾X浪漫點心包裝＝100分甜點禮物
卞京煥 著／陳郁昕 譯／定價280元

焦糖杏仁餅乾、紅茶奶油酥餅、摩卡馬卡龍等超過300多張清楚的步驟圖解說，按照主廚的步驟Step by Step，你也可以變身糕點達人！美味的餅乾配上浪漫優雅的創意包裝，任何人都能做出內外兼具的甜美禮物，完美表達最溫暖體貼的心意。

Queen of Confitures
Crêpe & Pancake

果醬女王的薄餅 & 鬆餅

簡單用平底鍋變化出71款美味

作　　　者	于美芮		製　　　版	興旺彩色印刷製版有限公司
攝　　　影	蕭維剛		印　　　刷	鴻海科技印刷股份有限公司
發 行 人	程安琪		初　　　版	2015 年 3 月
總 策 畫	程顯灝		定　　　價	新臺幣 389 元
總 編 輯	呂增娣		I S B N	978-986-364-053-0（平裝）
主　　　編	李瓊絲、鍾若琦			
執 行 編 輯	許雅眉			

作　　　者　于美芮
攝　　　影　蕭維剛

發 行 人　程安琪
總 策 畫　程顯灝
總 編 輯　呂增娣
主　　　編　李瓊絲、鍾若琦
執 行 編 輯　許雅眉
編　　　輯　程郁庭、鄭婷尹
美 術 總 監　潘大智
執 行 美 編　李怡君
美 術 編 輯　劉旻旻、游騰緯
行 銷 企 劃　謝儀方、吳孟蓉

發 行 部　侯莉莉
財 務 部　呂惠玲
印 務　許丁財
出 版 者　橘子文化事業有限公司

總 代 理　三友圖書有限公司
地　　　址　106 台北市安和路 2 段 213 號 4 樓
電　　　話　(02) 2377-4155
傳　　　真　(02) 2377-4355
E — mail　service@sanyau.com.tw
郵政劃撥　05844889 三友圖書有限公司

總 經 銷　大和書報圖書股份有限公司
地　　　址　新北市新莊區五工五路 2 號
電　　　話　(02) 8990-2588
傳　　　真　(02) 2299-7900

製　　　版　興旺彩色印刷製版有限公司
印　　　刷　鴻海科技印刷股份有限公司

初　　　版　2015 年 3 月
定　　　價　新臺幣 389 元
I S B N　978-986-364-053-0（平裝）

◎版權所有．翻印必究
　書若有破損缺頁 請寄回本社更換

特別感謝：

程大哥、增娣、雅眉、圈圈、小剛、曉晴、
小 花、J 董、Alan、Leo、Janet、Linda、
Patty、吳森、昌哥、湯姆、王瑜。

http://www.ju-zi.com.tw
三友圖書
友直 友諒 友多聞

國家圖書館出版品預行編目 (CIP) 資料

果醬女王的薄餅 & 鬆餅：簡單用平底鍋變化出 71
款美味 / 于美芮作. -- 初版. -- 臺北市：橘子文化，
2015.03　面；　公分
ISBN 978-986-364-053-0(平裝)

1.點心食譜 2.餅

427.16　　　　　　　　　　　104001885